JN260207

ごみ効率化
有料化とごみ処理経費削減

山谷 修作［著］

丸善出版

まえがき

　本書は，『ごみ有料化』（丸善，2007年刊），『ごみ見える化』（丸善，2010年刊）の続編として，地方自治体のごみ処理事業の効率化方策に考察の焦点を当てている．

　最初に刊行した『ごみ有料化』では，2005年2月に著者が実施した「第2回全国都市家庭ごみ有料化アンケート調査」の集計結果に基づいて，全国都市の有料化実施状況，有料化の目的と制度運用，有料化によるごみ減量効果について分析し，併せてフィールドワークで得られた知見も活用して東京多摩地域主要都市における有料化の取り組み，ごみ減量の推進力としてのヤードスティック競争，有料化の併用事業としての戸別収集のコスト効果，有料化都市における不法投棄・不適正排出対策の取り組みなどについて考察した．

　それに続く『ごみ見える化』では，ごみそのものとごみ情報の「見える化」の重要性を説いた．とりわけ，ごみ情報の「見える化」は，さまざまなごみ問題への有効な対応策となる．著者が長年にわたって研究の対象としてきた「ごみ有料化」も，ごみ処理経費やその負担の「見える化」の手法にほかならない．有料化の利点は，ごみの排出が処理コストを発生させること，そしてコストとその負担が排出量に応じて変化することを住民に伝達し，ごみ減量へのインセンティブを提供できるところにある．有料化は，ごみの排出量に応じた負担の公平性も確保できる．『ごみ見える化』では，「見える化」のキーワードを基本に据えつつ，2008年2～3月に著者が実施した「第3回全国都市家庭ごみ有料化アンケート調査」で得られた知見に基づいて，有料化導入後のごみ減量効果を検証したほか，有料化導入時の合意形成，有料化の制度運用，併用施策の運用，不法投棄・不適正排出対策などについて分析し，それぞれの局面における「見える化」の重要性を指摘した．なお，有料化の成果について，ごみ減量から一歩進め，減量を通じたごみ処理費の削減効果を「見える化」する調査研究に関しては時期尚早で，今後の課題とした．

　ごみ研究の3冊目となる本書では，2012年2～3月に著者が実施した「第4回全国都市家庭ごみ有料化アンケート調査」の集計結果に基づいて，有料化実施による減量効果のより精度の高い検証を行い，さらには有料化実施によるごみ減量およびごみ処理経費の削減効果に対して光を当てることとした．

　前二著において，有料化によるごみ減量効果がかなり大きいことは，相当数の

有料化導入自治体を調査することによって検証できた．しかし，調査対象とした自治体の有料化導入時期が広く分散しており，ごみ処理を取り巻く時代背景の変遷の影響も無視できない．そこで，本書においては，３Ｒ（リデュース，リユース，リサイクル）の理念や行動が住民や事業者，行政に浸透し，ごみ排出量が減少に転じるようになった2000年代に有料化を導入した都市に限定することによって，データの鮮度向上を図り，より精度の高いごみ減量効果の調査を実施することとした．この調査から，有料化による減量効果について，①かなり大きな効果が得られる，②手数料水準が高いほど効果が大きくなる，③リバウンドの傾向は見られない，④資源回収率も上昇する，ことを確認できた．

その上で，有料化実施によるごみ減量の結果として，収集運搬，中間処理，再資源化，最終処分の部門ごとに，ごみ処理経費削減の成果が得られるかどうかを検証する作業を行った．その際，有料化の実施と同時に，資源物の分別・資源化の拡充や戸別収集への収集方式の切り替えなどを実施するケースもあるので，こうした併用施策による経費増との見合いで，ごみ処理経費の変化を分析することとした．また，ごみ処理経費削減効果は自治体のごみ処理状況に左右されるため，収集運搬事業の事業形態，焼却処理事業の運営形態，最終処分場の有無と残余年数などの要因も考慮することとした．

アンケート調査の集計結果によると，市民１人当たりごみ処理経費は，有料化の翌年度において増加した市と減少した市の数がほぼ半々であるが，５年目の年度には増加した市の数が，減少した市の数を上回っている．ごみの処理費用はごみ量に比例しない固定的な経費（職員の人件費，設備の減価償却費など）が大部分を占めるから，「ごみが減るとそれに比例して経費も減る」というわけにはいかない．経費増の主因を分析すると，有料化によるごみ減量とは直接関係のない施設の整備や改修が，市民１人当たりごみ処理費を増加させていた．

部門別にみると次のようであった．有料化の翌年度において，ごみ収集運搬費が増加した市の数は減少した市の数を大きく上回り，その後，自治体による経費削減の取り組みもあって，５年目の年度になると，ごみ収集運搬費が減少した市の方が増加した市より多くなっている．有料化を導入してごみ量が減少したにもかかわらず，有料化直後に収集運搬費が増加した最大の理由は，新たな資源品目の回収など併用事業を開始する有料化市が多かったことによる．新資源品目の回収・資源化は，再資源化費の増加ももたらしていた．

可燃ごみの焼却，不燃ごみの破砕などにかかる中間処理費については，焼却施設や破砕施設の減価償却費，維持管理費など固定的な経費の比率が高く，有料化導入によるごみ減量を直接，大幅なコスト削減に結び付けることは難しい．また，

有料化によるごみ減量とは直接関係しない施設の修繕・改修，新規施設の整備などの要因で，大きく変動する．しかし，有料化導入によりごみ量が減少すれば，中間処理費全体に占める比率は小さくとも，電力費や薬剤費，燃料費など運転費が節減される効果が期待できる．

　アンケート調査では，最終処分費の増加について，埋立て処分場の整備や修繕，組合負担金の増加など，有料化実施とは関係しないさまざまな要因があげられていた．しかし，最終処分費が減少した市からの回答では，その主因として，有料化による最終処分ごみの減量に伴う運搬費や運営費の低減，有料化による最終処分ごみの減量に伴う処分委託費の低減をあげる回答が多かった．とりわけ最終処分場を持たず，域外に処分委託する市については，有料化によるごみ減量を反映して，最終処分費が大幅に縮減していた．

　近年，全国各地において焼却施設の老朽化が進んでいる．こうした状況のもとで，有料化導入に伴うごみ減量による中間処理費削減の機会が広がっている．有料化実施によりごみ量が減少したことで，更新焼却施設の規模縮小や老朽施設の更新不要化などが可能となったり，さもなければ必要とされた経費を大幅に節減できたり，あるいはそう見込まれる事例がいくつか出現している．ごみ減量による焼却施設の規模縮小に伴う建設費縮減，および効率的な事業方式の採用による運営経費削減の事例として，福岡都市圏南部環境事業組合の取り組みを取り上げた．また，有料化実施によりごみ量が減少し，老朽施設の更新不要化が可能となったことで大きな経費削減が見込まれる事例として，札幌市と八王子市の取り組みを考察した．

　本書では，ごみ処理効率化の実現には，有料化以外の制度的要因や戦略的要素が大きくかかわっているとの認識に基づいて，効率化に取り組んで成果をあげた都市を訪問し，個別に聞き取り調査を実施した．聞き取り調査の対象都市として，有料化未実施ではあるが，特徴的な事業形態で収集運搬事業を運営する東京23区についても取り上げ，社会変化への対応と効率化の取り組み課題を浮き彫りにした．また，有料化実施後のさらなるごみ減量の推進を狙いとして，各種インセンティブプログラムを積極的に活用する多摩市の取り組みについても取り上げた．

　地方自治体の財政は，高齢化が急速に進む社会状況のもとで，歳出面で扶助費などの義務的経費が増勢を続け，歳入面では地方税収が伸び悩むなど，厳しさを増している．そうした状況のもとで，有料化導入をはじめとする３R施策によるごみ減量やごみ処理業務の効率化を通じて，ごみ処理費の削減を図ることが求められている．また，全国各地で老朽焼却施設の建替えや，最終処分場の整備・延命化が必須になってきた状況のもとで，有料化など有効な施策によりごみ量を

大幅に削減し，施設規模の縮小化，建替えの不要化，最終処分量の最小化を実現し，経費削減に結び付けるごみ戦略の重要性が高まってきた．こうした基本認識に立って，本書を執筆した．

　本書のベースになったのは，全国の有料化都市へのアンケート調査や聞き取り調査，一部都市の包括外部監査報告書を通じて得られた情報をもとに，この1年半ほどの間に「ポスト有料化のごみ政策」のタイトルのもとで『月刊廃棄物』に連載した巻末の諸論考である．本書は，それらの論考に，他の論文2点の一部を加え，「ごみ効率化」の視点から再構成し，一部見直し・加筆することにより作成したものである．調査活動に協力された全国の行政担当者の方々にあらためて感謝申し上げたい．

　本書のデータソースとなったアンケート調査や聞き取り調査は，独立行政法人日本学術振興会より科学研究費（基盤研究Ⓒ一般24530319，研究課題名「家庭ごみ有料化のごみ処理経費削減効果分析」）の補助を受けて実施した．

　また，本書の出版にあたっては，前二著に引き続いて，丸善出版の小林秀一郎氏に大変お世話になった．記して感謝の念を表したい．

　地方自治体において，「ごみ効率化」を通じたスリムで透明性の高い循環型社会づくりに取り組む際に，また住民や事業者が地域のごみ処理行政の効率化について理解を深めることに，本書がいささかなりと参考になれば幸いである．

2014年8月

山　谷　修　作

目　次

第1章　家庭ごみ有料化の現状とごみ減量効果 …………………… 1

　　1　家庭ごみ有料化の現状　1
　　2　有料化によるごみ減量効果　8
　　3　有料化の成果の戦略的位置づけ　20

第2章　有料化でごみ処理経費を減らせるか ………………………23

　　1　市民1人当たりごみ処理経費・収集運搬費　23
　　　(1)　有料化によるごみ減量で処理経費は削減されたか　23
　　　(2)　有料化直後の収集運搬費を増加させる併用事業　29
　　　(3)　収集運搬費の低減をもたらした効率化の取り組み　32
　　2　再資源化費・中間処理費・最終処分費　33
　　　(1)　有料化導入後に再資源化費も増加傾向　33
　　　(2)　有料化導入によるごみ減量は中間処理費の低減をもたらすか　35
　　　(3)　有料化導入は最終処分場を持たない市に処分費の低減をもたらす　39
　　　(4)　有料化によるごみ減量に伴う老朽施設更新経費の節減　42
　　3　総合収支と経費節減の工夫、収集運営形態の選択　43
　　　(1)　有料化実施の総合収支　43
　　　(2)　有料化導入時の経費削減の工夫　45
　　　(3)　ごみ処理効率化の要請　46
　　　(4)　収集事業運営形態見直しの趨勢　48
　　　(5)　直営・委託両運営形態の得失見極めが重要　50

第3章　収集効率化の取り組み ……………………………………53

　　1　収集効率化に先鞭を付けた仙台市の取り組み　53
　　　(1)　民間委託推進に至る経緯　53

(2)　委託化の手法と経費削減効果　54
　　(3)　効率化の鍵となる業者選定方式　55
　　(4)　重要な役割を担い続ける技能職員　57
　　(5)　現場に精通した職員の確保が課題　59
　2　収集委託競争入札の光と影——足利市の経験から　59
　　(1)　家庭ごみ有料化の実施　59
　　(2)　手数料の大幅引き下げへ　61
　　(3)　競争入札の導入　62
　　(4)　直営収集の廃止　65
　　(5)　競争入札の課題　66

第4章　収集業務改善への取り組み　69

　1　収集業務の改善に向けて　69
　　(1)　総合評価方式の導入可能性　69
　　(2)　委託料算式見直しによる効率化　70
　　(3)　西東京市にみる直営力の活用　72
　　(4)　直営力活用・強化への期待　74
　2　市民目線で収集業務の改善に取り組む京都市　76
　　(1)　共汗を柱に据えた収集業務改善計画　76
　　(2)　合特法がらみのしがらみを乗り越えて　77
　　(3)　業務委託仕様書の設計でサービス品質を維持　78
　　(4)　収集運搬費の削減効果　79
　　(5)　市民目線を収集業務の点検に活かす　82

第5章　変革期を迎えた東京23区収集業務（前編）　85
　　——社会変化への対応と効率化の取り組み

　1　東京23区収集業務の特色　85
　　(1)　効率的な運搬・搬入システム　85
　　(2)　23区独自の収集システム　86
　　(3)　高まる雇上比率　87

(4)　雇上車両の配車システム　88
　2　高齢化で重みを増す北区の訪問収集　89
　3　荒川区の全資源集団回収一元化への取り組み　92
　　　(1)　各区で高まる集団回収への期待　92
　　　(2)　全資源集団回収への挑戦　93
　　　(3)　安定的な回収システムの構築　95
　　　(4)　新たな資源回収品目の検討へ　97
　4　中野区の古紙集団回収一元化への取り組み　98
　5　練馬区の施設整備による資源化推進　101

第6章　変革期を迎えた東京23区収集業務（後編） ……………… 105
　　　──今後の取り組み課題

　1　戸別収集方式への切り替え　105
　　　(1)　戸別収集導入の経費と選好度　105
　　　(2)　台東区の戸別収集全域拡大への胸算用　107
　2　各区比較指標の「見える化」と有料化の必要性　109
　　　(1)　各区比較指標の「見える化」　109
　　　(2)　23区有料化がもたらす効果は大きい　112
　3　急がれる雇上契約の見直し　112
　　　(1)　23区収集業務が引き継いだ「負の遺産」　112
　　　(2)　雇上契約「覚書」に至る経緯　114
　　　(3)　「覚書」見直しの取り組み　115
　　　(4)　雇上契約効率化の取り組み　117
　　　(5)　待たれる収集運搬契約の適正化　118

第7章　ごみ減量による中間処理費削減 ……………………………… 121

　1　施設規模の縮小と効率的な事業方式の採用　121
　　　(1)　中間処理施設の効率的な事業方式　121
　　　(2)　ごみ減量を受けた工場規模縮小による建設費縮減　123
　　　(3)　ＤＢＯ方式採用による効率化　125

(4)　ごみ減量を事業戦略に活かす　128
　2　札幌市の清掃工場建替え不要化　128
　　　(1)　基本計画が打ち出した「減量による工場建替え不要化」　128
　　　(2)　ごみ減量による経費削減効果　131
　　　(3)　手数料収入を活用したさらなる減量の推進　134
　　　(4)　ごみ行政に戦略を取り込む　135
　3　八王子市の清掃工場集約化　136
　　　(1)　有料化の導入とその後の取り組みの成果　136
　　　(2)　工場数縮減による経費削減効果　138
　　　(3)　ごみ処理経費の推移　140
　　　(4)　埋立ごみゼロをめざして　141

第8章　インセンティブプログラム活用の取り組み　145

　1　多摩市における家庭ごみ有料化の経緯　145
　　　(1)　多摩市の人口・地勢　145
　　　(2)　家庭ごみ有料化の検討と市民説明　145
　　　(3)　議会での挫折と市長選挙の結果が契機に　146
　　　(4)　市民懇談会で出された意見の吸収　147
　　　(5)　有料化の条例改正案ようやく可決　148
　2　家庭ごみ有料化と併用されたインセンティブプログラム　148
　　　(1)　インセンティブプログラム導入の契機となった市民意見　148
　　　(2)　導入されたインセンティブプログラム　149
　3　家庭ごみ有料化の成果　155
　4　さらなる減量に向けて　159

第9章　ごみ処理の効率化をめざして　161

　1　ごみ減量による経費節減の可能性：総括　161
　2　ごみ効率化をめぐる近況　163
　　　(1)　ごみ減量のペースに遅行する処理経費の削減　163
　　　(2)　厳しさを増す自治体財政　163

(3) 施設老朽化が迫る効率化への対応　165
　　(4) 廃棄物会計基準の導入による効率化　166
3　基本計画で効率化への道筋を示す　167

【付録1】全国都市家庭ごみ有料化実施状況 ……………………………169
【付録2】全国町村家庭ごみ有料化実施状況 ……………………………183
本書のベースとなった発表論文 ……………………………………………189

索　引 ………………………………………………………………………191

第1章 家庭ごみ有料化の現状とごみ減量効果

　家庭ごみ有料化の現状に関する最新情報を，著者独自の調査によりフォローアップする．その上で，全国都市調査により得られたデータを分析し，有料化実施の成果として，ごみ減量効果を手数料水準とのクロス集計により示す．また，有料化の成果について，ごみ減量だけでなく，行政経費の削減，環境負荷の軽減など，より大きな枠組みの中で戦略的に捉えることの意義を指摘したい．

1 家庭ごみ有料化の現状

　全国の自治体で，家庭ごみ有料化が進展している．「家庭ごみ有料化」の定義を，「家庭系可燃ごみの定日収集・処理について，市区町村に収入をもたらす従量制手数料を徴収すること」とすると，2014年4月現在，全国1,741市区町村のうち有料化実施は1,086団体に及び，有料化実施率は62％に達している（**表1-1**）．都市規模別には，これまで中小規模の自治体で有料化実施率が高く，大都市での有料化が遅れていたが，この10年ほどの間に一部の政令指定市や県庁所在都市でも有料化が導入されるようになってきた．

　全国市区町村の有料化実施状況を都道府県別に示したのが**表1-2**である．この表のデータを都道府県別の地図に落とすと**図1-1**になる．一見して，県により実

表1-1　全国市区町村の有料化実施状況（2014年4月現在）

	総数	有料化実施	有料化実施率
市区	813	450	55.4%
町	745	517	69.4%
村	183	119	65.0%
市区町村	1741	1086	62.4%

表1-2 都道府県別の有料化実施状況（2014年4月現在）

都道府県	県内市区町村数				有料化市区町村数				有料化実施率（％）			
	市区	町	村	合計	市区	町	村	合計	市区	町	村	合計
北海道	35	129	15	179	31	114	13	158	88.6%	88.4%	86.7%	88.3%
青森県	10	22	8	40	4	11	5	20	40.0%	50.0%	62.5%	50.0%
岩手県	14	15	4	33	1	0	0	1	7.1%	0.0%	0.0%	3.0%
秋田県	13	9	3	25	7	7	1	15	53.8%	77.8%	33.3%	60.0%
宮城県	13	21	1	35	4	7	0	11	30.8%	33.3%	0.0%	31.4%
山形県	13	19	3	35	11	16	3	30	84.6%	84.2%	100.0%	85.7%
福島県	13	31	15	59	2	16	10	28	15.4%	51.6%	66.7%	47.5%
茨城県	32	10	2	44	12	5	1	18	37.5%	50.0%	50.0%	40.9%
栃木県	14	11	-	25	7	8	-	15	50.0%	72.7%	-	60.0%
群馬県	12	15	8	35	2	11	8	21	16.7%	73.3%	100.0%	60.0%
埼玉県	40	22	1	63	5	5	0	10	12.5%	22.7%	0.0%	15.9%
千葉県	37	16	1	54	20	13	1	34	54.1%	81.3%	100.0%	63.0%
東京都	49	5	8	62	21	4	0	25	42.9%	80.0%	0.0%	40.3%
神奈川県	19	13	1	33	2	1	0	3	10.5%	7.7%	0.0%	9.1%
新潟県	20	6	4	30	17	3	3	23	85.0%	50.0%	75.0%	76.7%
富山県	10	4	1	15	8	2	0	10	80.0%	50.0%	0.0%	66.7%
石川県	11	8	-	19	7	8	-	15	63.6%	100.0%	-	78.9%
福井県	9	8	-	17	2	5	-	7	22.2%	62.5%	-	41.2%
山梨県	13	8	6	27	4	5	1	10	30.8%	62.5%	16.7%	37.0%
長野県	19	23	35	77	14	19	27	60	73.7%	82.6%	77.1%	77.9%
岐阜県	21	19	2	42	15	16	2	33	71.4%	84.2%	100.0%	78.6%
静岡県	23	12	-	35	10	6	-	16	43.5%	50.0%	-	45.7%
愛知県	38	14	2	54	13	6	2	21	34.2%	42.9%	100.0%	38.9%
三重県	14	15	-	29	6	2	-	8	42.9%	13.3%	-	27.6%
滋賀県	13	6	-	19	9	0	-	9	61.5%	0.0%	-	42.1%
京都府	15	10	1	26	8	5	1	14	53.3%	50.0%	100.0%	53.8%
大阪府	33	9	1	43	12	6	1	19	36.4%	66.7%	100.0%	44.2%
兵庫県	29	12	-	41	13	5	-	18	44.8%	41.7%	-	43.9%
奈良県	12	15	12	39	6	12	9	27	50.0%	80.0%	75.0%	69.2%
和歌山県	9	20	1	30	8	19	0	27	88.9%	95.0%	0.0%	90.0%
鳥取県	4	14	1	19	4	14	1	19	100.0%	100.0%	100.0%	100.0%
島根県	8	10	1	19	8	10	1	18	100.0%	100.0%	100.0%	100.0%

岡山県	15	10	2	27	12	7	2	21	80.0%	70.0%	100.0%	77.8%
広島県	14	9	-	23	7	5	-	12	50.0%	55.6%	-	52.2%
山口県	13	6	-	19	8	5	-	13	61.5%	83.3%	-	68.4%
徳島県	8	15	1	24	5	10	1	16	62.5%	66.7%	100.0%	66.7%
香川県	8	9	-	17	7	9	-	16	87.5%	100.0%	-	94.1%
愛媛県	11	9	-	20	8	9	-	17	72.7%	100.0%	-	85.0%
高知県	11	17	6	34	10	17	6	33	90.9%	100.0%	100.0%	97.1%
福岡県	28	30	2	60	27	28	2	57	96.4%	93.3%	100.0%	95.0%
佐賀県	10	10	-	20	10	10	-	20	100.0%	100.0%	-	100.0%
長崎県	13	8	-	21	12	7	-	19	92.3%	87.5%	-	90.5%
熊本県	14	23	8	45	13	22	7	42	92.9%	95.7%	87.5%	93.3%
大分県	14	3	1	18	12	3	0	15	85.7%	100.0%	0.0%	83.3%
宮崎県	9	14	3	26	5	8	1	14	55.6%	57.1%	33.3%	53.9%
鹿児島県	19	20	4	43	10	7	0	17	52.0%	35.0%	0.0%	39.5%
沖縄県	11	11	19	41	11	9	10	30	100.0%	81.8%	52.6%	73.2%

注）1．都道府県からの提供資料を参考に，一部市区町村に個別に確認して作成．
　　2．ここでの「有料化」は，家庭系可燃ごみの定日収集・処理について，市区町村に収入をもたらす従量制手数料を徴収すること，と定義した．

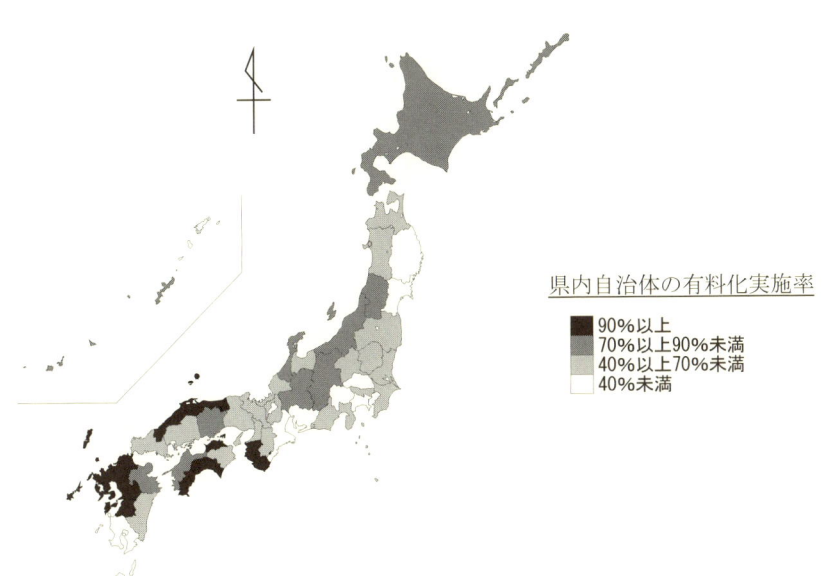

図1-1　都道府県別の有料化実施状況（自治体比率）地図（2014年4月現在）

施状況に大きなばらつきがあることがわかる．市区町村数の比率で見ると，最も有料化実施率が高いのは鳥取県，島根県，佐賀県で，県内すべての自治体が有料化を実施している．和歌山，香川，高知，福岡，長崎，熊本の6県も有料化実施率が90％を上回っている．これに対して，有料化自治体が存在しない県はないが，岩手県や神奈川県の有料化実施率は1桁台にとどまる．

次に，全国および都道府県別の人口比率での有料化実施状況を**表1-3**で確認しておこう．全国の人口比率での有料化実施率は40％である．この表のデータを

表1-3 都道府県別の有料化人口比率（2014年4月現在）

都道府県	総人口（人）	有料化人口（人）	有料化人口比率	有料化県都	都道府県	総人口（人）	有料化人口（人）	有料化人口比率	有料化県都
北海道	5,463,045	5,177,269	94.8%	札幌市	滋賀県	1,421,779	719,110	50.6%	－
青森県	1,367,858	504,167	36.9%	－	京都府	2,585,904	1,881,748	72.8%	京都市
岩手県	1,311,367	93,930	7.2%	－	大阪府	8,878,694	1,292,957	14.6%	－
宮城県	2,329,439	1,314,976	56.5%	仙台市	兵庫県	5,655,361	697,604	12.3%	－
秋田県	1,070,226	819,551	76.6%	秋田市	奈良県	1,403,034	580,276	41.4%	－
山形県	1,151,318	861,806	74.9%	山形市	和歌山県	1,012,236	629,314	62.2%	－
福島県	1,976,096	355,822	18.0%	－	鳥取県	587,067	587,067	100.0%	鳥取市
茨城県	2,993,638	1,193,295	39.9%	水戸市	島根県	711,364	711,364	100.0%	松江市
栃木県	2,010,272	718,606	35.7%	－	岡山県	1,945,208	1,331,929	68.5%	岡山市
群馬県	2,019,687	470,904	23.3%	－	広島県	2,876,300	597,161	20.8%	－
埼玉県	7,288,848	437,628	6.0%	－	山口県	1,443,146	955,688	66.2%	山口市
千葉県	6,247,860	2,449,767	39.2%	千葉市	徳島県	782,342	328,403	42.0%	－
東京都	13,202,037	3,629,597	27.5%	－	香川県	1,010,028	946,900	93.7%	高松市
神奈川県	9,100,606	684,042	7.5%	－	愛媛県	1,436,527	702,623	48.9%	－
新潟県	2,354,872	2,188,022	92.9%	新潟市	高知県	754,275	415,366	55.1%	－
富山県	1,091,612	585,242	53.6%	－	福岡県	5,118,813	5,048,406	98.6%	福岡市
石川県	1,163,380	438,759	37.7%	－	佐賀県	852,285	852,285	100.0%	佐賀市
福井県	808,229	193,112	23.9%	－	長崎県	1,424,533	982,476	69.0%	－
山梨県	861,615	273,647	31.8%	－	熊本県	1,825,686	1,786,082	97.8%	熊本市
長野県	2,160,814	1,605,433	74.3%	長野市	大分県	1,197,854	631,130	52.7%	－
岐阜県	2,098,176	1,223,123	59.3%	－	宮崎県	1,142,486	743,652	65.1%	宮崎市
静岡県	3,803,481	584,163	15.4%	－	鹿児島県	1,703,126	571,755	33.6%	－
愛知県	7,478,606	1,060,582	14.2%	－	沖縄県	1,448,358	1,393,679	96.2%	那覇市
三重県	1,868,860	438,288	23.5%	－	全　国	128,438,348	51,688,706	40.2%	

注）人口は，2014年1月1日現在の住民基本台帳人口による．

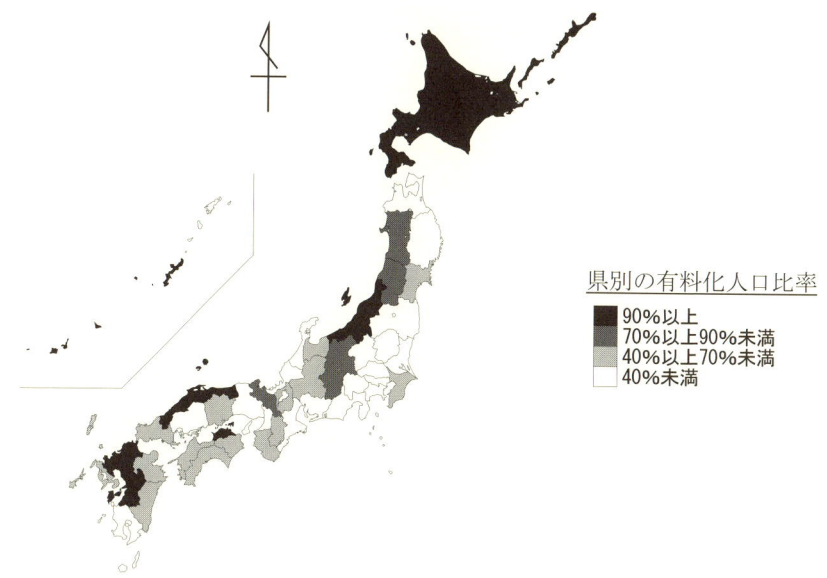

図1-2 都道府県別の有料化人口比率地図（2014年4月現在）

都道府県別の地図に落とすと**図1-2**になる．この地図において，有料化人口比率90％以上で黒塗りした県は，北海道，新潟，鳥取，島根，香川，福岡，佐賀，熊本，沖縄の9道県である．これらの道県では，自治体有料化実施率が高く，しかも人口規模の大きな県庁所在都市や政令指定市が有料化を実施している．

　全国都市（市区）の有料化実施率については，これまでに著者が実施した全国都市調査と直近の調査から，**図1-3**に示すように，その推移をたどることができる．全国都市の有料化実施率は，2000年9月の20％から，2005年2月の37％，2008年7月の50％を経て，直近の55％へと着実に高まってきた．

　全国都市について有料化が実施された時期をたどると，**図1-4**のようになる．1990年代後半以降，家庭ごみを有料化する都市が顕著に増加し，現在も緩やかな増勢が続いている．その背景として，次のことがあげられる．

　①最終処分場の埋立容量の逼迫に直面する地方自治体が増加し，ごみ減量・資源化への取り組み強化を迫られたが，その際，家庭ごみ有料化がごみ減量・資源化推進のための有効な手段であるとの認識が高まってきた．

　②容器包装リサイクル法の制定を受け，各自治体はリサイクル推進の取り組み

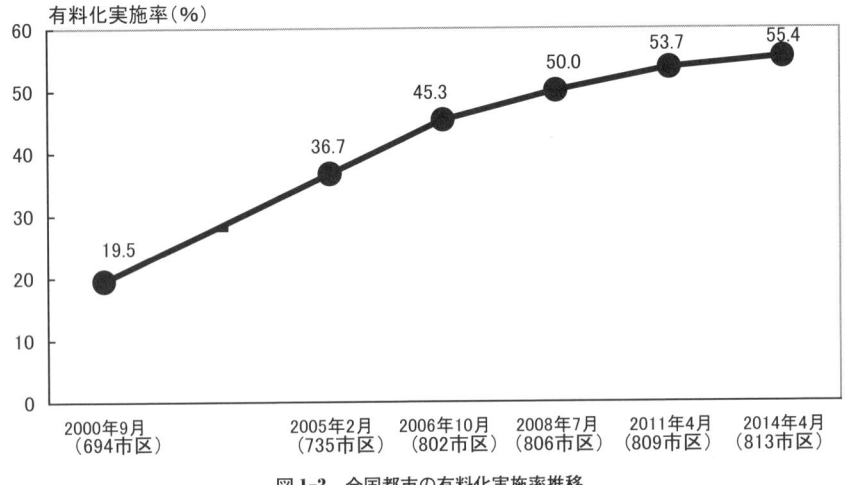

図 1-3　全国都市の有料化実施率推移

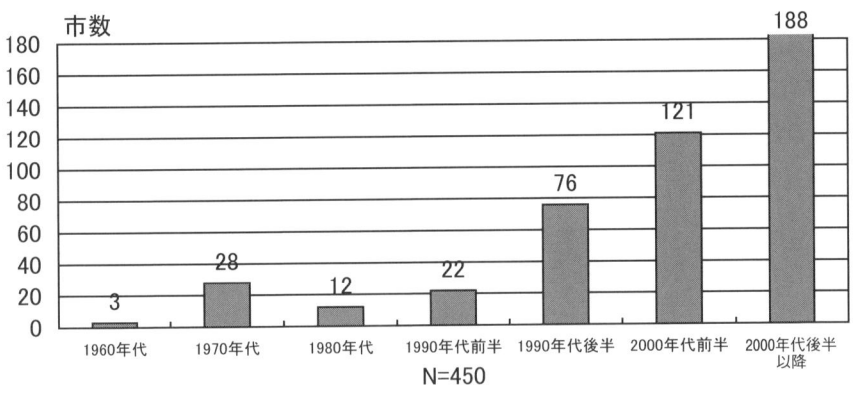

図 1-4　年代別の有料化都市数推移（2014 年 4 月現在）

を強化するようになったが，財政面の制約が厳しくなる状況のもとで，ごみや資源の収集・処理コストについて住民に認識してもらうことが必要と考えられた．

③「経済的手法」や「応益負担」に対する国民の理解が深まりつつあり，また地域の住民の間にごみ処理を有料化した方が減量努力をする人としない人の公平性を確保できるとの認識も高まってきた．

④複数の自治体が一部事務組合や広域連合を組織して広域的にごみ処理を行う

場合，一部の構成自治体が有料化に踏み切ってごみを減らすと他の構成自治体も分担金の負担増を回避するために，有料化に追随する傾向が見られた．

2000年代後半に入ってからは，2005年1月以降2014年4月までの9年間に，188市が家庭ごみ有料化を実施している．近年有料化実施した都市が増えた最大の理由は，循環型社会形成推進基本法の制定を受けて，循環型地域社会づくりをめざして全国各地の自治体で3R（リデュース，リユース，リサイクル）の取り組みが強化されたが，その際にごみ減量・資源化推進の有効な方策として家庭ごみ有料化が位置づけられるようになったことである．また，2005年5月には，国の廃棄物処理基本方針が改正され，地方公共団体の役割について，有料化を推進すべきであるとの方針が示された．

そうした状況のもとで，いわゆる「平成の大合併」が2000年代に各地で進展したことも有料化実施率を押し上げた．市町村合併により新たに市制を施行した新市の有料化実施率が高くなる傾向が認められた．また，非有料化市が有料化自治体との合併を機に有料化実施に踏み込むケースも見られた．

有料化都市の手数料体系をみると，ごみ1袋目から有料となる単純従量制をとる市が422市と多数を占め，一定量まで無料または低料率とする超過従量制を採用する市は28市で全体の6％を占めるにすぎない．超過従量制については，無料または低率有料とされる基本量部分について減量インセンティブが働かないこと，世帯人数を勘案してきめ細かく基本量を設定する場合の運用コストが大きいこと，その運用コストに見合う手数料収入を確保できないことなどから，単純従量制に切り替える動きが出ている．

単純従量制の手数料体系を採用する有料化都市の手数料水準（通常40～45Lの大袋1枚の価格）は，**図1-5**に示すとおりである．中心価格帯は30～40円台で，全体の44％を占める．しかし，北海道や東京多摩地域には大袋1枚80円といった高い水準の手数料を設定する都市が多く，かなり大きなごみ減量効果をあげている．

なお，全国の家庭ごみ有料化市町村のリストは，巻末に掲載している．その中の「全国都市家庭ごみ有料化実施状況（付録1）の県別一覧」には，手数料制度（単純・超過）別に，県別有料化市名，有料化実施年月，可燃ごみ大袋1枚の価格，有料化資源物の品目と価格・袋容量，社会的減免・ボランティア袋交付の有無の

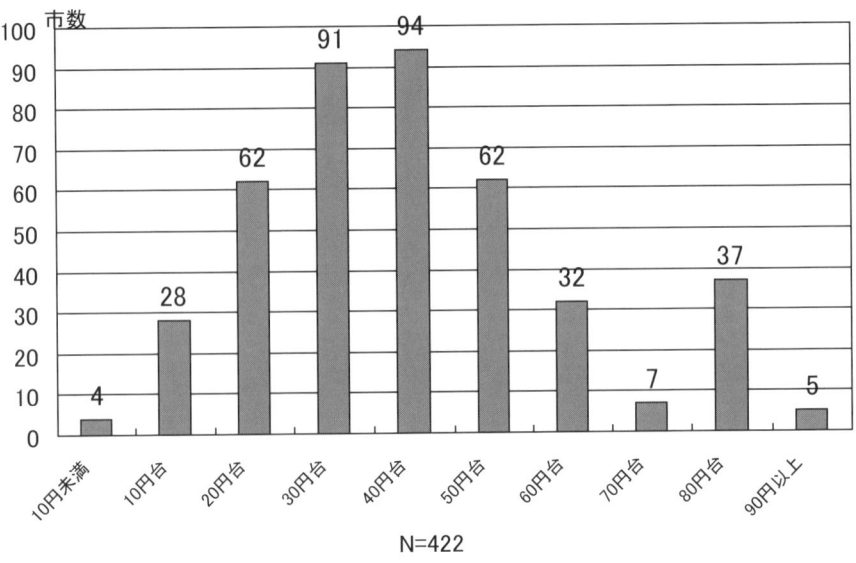

図1-5 価格帯別都市数（単純従量制・大袋1枚の価格）（2014年4月現在）

一覧表が示してある．また「全国町村家庭ごみ有料化実施状況（付録2）の県別一覧」には県別に有料化町村名と可燃ごみ大袋1枚の価格が示してある．

2 有料化によるごみ減量効果

図1-6は，有料化実施によるごみ減量・資源化促進のイメージを示している．この図から，有料化に対応した住民のごみ減量のルートは2つあることがわかる．一つの減量化ルートは，従来ごみとして排出していたものの中に含まれた資源化可能物を資源として分別排出し，「資源化」することである．資源の分別区分は自治体により異なるが，容器包装プラスチックを分別収集・資源化していることを前提として議論する．

有料化実施により，分別の強化が最も期待される資源化可能物として古紙類があげられる．可燃ごみに混入する古紙の比率は，非有料化自治体では一般に十数%を占める．特に，資源化可能古紙の4割程度を占める雑紙については，分別

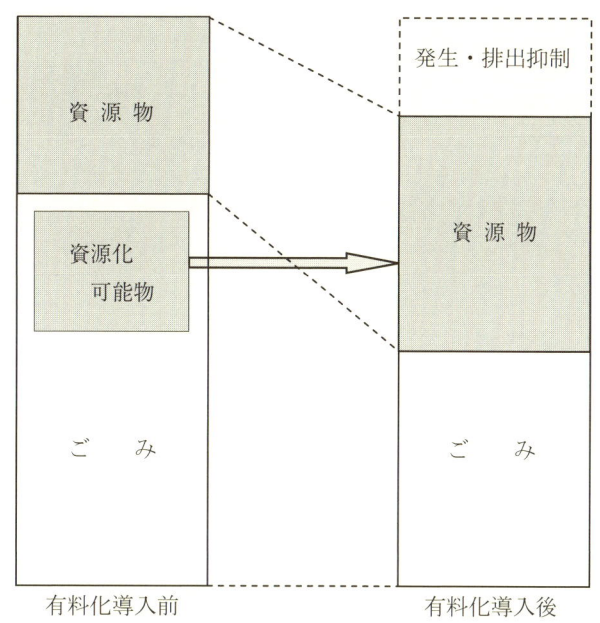

図1-6 有料化によるごみ減量の2つのルート

の手間がかかることや，そもそも資源化可能物であるとの認識が市民に十分浸透していないこともあり，資源化されずに可燃ごみとして排出される比率が高くなっている．容器包装プラスチックや繊維類も，それぞれ数％程度の比率で可燃ごみに混入されている．一方，不燃ごみの中にも，びん・缶などの資源化可能物が十数％程度混入していることが多い．

これらの資源化可能物については，自治体が資源化の受け皿を整備しているにもかかわらず，市民の分別への取り組みに経済的なインセンティブが存在しないことから，安易に廃棄処分されることとなりがちである．可燃ごみや不燃ごみを有料化することで，従来分別されずに廃棄されてきた資源化可能物の分別・資源化が促進される効果が見込める．

もう一つのルートは，市民がごみをできる限り発生させない行動をとることなどによる「発生抑制」である．買い物時にマイバッグを持参すること，ごみにならない製品を選んで買うこと，適量購入を心がけること，モノを大切にして長く使用すること，一方的に送られてくるダイレクトメールや広告パンフレットの受

け取りを拒否すること，生ごみの水切りをきちんとすることなど，発生抑制につながる行動については，行政による啓発活動もあって，環境意識が比較的高い市民が日頃実践している．しかし，環境やごみに関する市民意識が関心層と無関心層とに二極化していると言われる状況のもとで，啓発強化など従来型の手法では，無関心層に対しては限界がある．新たな経済的手法としての家庭ごみ有料化の導入により，環境意識の希薄な市民層に対しても，発生抑制行動への誘引を強化することができる．

筆者は「第4回全国都市家庭ごみ有料化アンケート調査」(2012年2〜3月実施,

表1-3 2000年度以降有料化導入市の家庭ごみ原単位・資源回収率

【単純従量制】 (単位：g／人・日,％)

市名	大袋価格(円)	導入前年度				導入翌年度			
		(A)	(B)	(A+B)	(B/(A+B))	(A)		(B)	
		可・不・粗	資源物	家庭ごみ排出量	資源回収率	可・不・粗	増減	資源物	増減
S1	80	796	88	884	10.0%	558	-29.9%	170	92.5%
S2	80	803	87	889	9.8%	509	-36.5%	231	166.1%
S3	80	612	101	713	14.2%	436	-28.8%	125	23.1%
S4	100	1,032	114	1,146	9.9%	528	-48.8%	206	80.7%
S5	120	611	294	905	32.5%	545	-10.8%	294	0.0%
S6	90	579	147	726	20.2%	561	-3.1%	218	48.3%
S7	80	1,198	148	1,346	11.0%	848	-29.2%	144	-2.6%
S8	80	721	157	878	17.9%	505	-30.0%	220	40.1%
S9	80	994	56	1,050	5.3%	525	-47.2%	98	75.0%
S10	80	777	128	905	14.2%	367	-52.8%	215	67.6%
S11	80	706	254	960	26.5%	595	-15.7%	260	2.4%
S12	80	1,022	101	1,123	9.0%	606	-40.7%	183	81.2%
S13	80	923	158	1,081	14.6%	538	-41.7%	225	42.4%
S14	80	673	156	830	18.8%	538	-20.2%	163	4.2%
S15	80	810	167	977	17.1%	545	-32.7%	190	13.8%
S16	80	1,052	125	1,177	10.6%	829	-21.2%	173	37.9%
S17	80	861	60	921	6.5%	520	-39.6%	121	101.7%
S18	80	685	202	887	22.8%	444	-35.3%	226	12.1%
S19	30	688	579	1,267	45.7%	578	-16.1%	619	7.0%
S20	60	1,109	129	1,238	10.4%	957	-13.7%	126	-2.3%
S21	63	437	189	626	30.2%	356	-18.5%	183	-3.2%
S22	40	596	195	791	24.7%	499	-16.3%	203	4.1%
S23	31.5	510	140	650	21.5%	497	-2.5%	131	-6.4%
S24	30	651	110	761	14.4%	608	-6.6%	110	0.0%
S25	30	819	167	986	16.9%	589	-28.1%	161	-3.6%

有効回答190市のリストは47頁参照）を実施した．**表1-3**は，この調査の中から，料金制度（単純従量制・超過従量制）別に「2000年度以降[1]に有料化を導入した市の家庭ごみ原単位・資源回収率」の集計結果を示す．そのうちの単純従量制採用118市について，手数料水準（大袋1枚の価格）とごみ減量効果の関係を確認しておこう．なお，大袋1枚の価格については，改定の有無にかかわらず有料化導入時の価格を記載し，手数料と指定袋代を切り分けている場合には袋代込みの価格に変えて表記した．

検証の対象とする「ごみ」として，1人1日当たりベースでの家庭系の「処分

(A+B)		(B/(A+B))	導入5年目年度または2010年度						
			(A)		(B)		(A+B)		(B/(A+B))
家庭ごみ排出量	増減	資源回収率	可・不・粗	増減	資源物	増減	家庭ごみ排出量	増減	資源回収率
727	-17.7%	23.3%	558	-29.8%	177	101.1%	736	-16.8%	24.1%
740	-16.8%	31.2%	474	-41.0%	210	141.9%	684	-23.1%	30.7%
561	-21.4%	22.3%	448	-26.7%	132	30.2%	580	-18.6%	22.7%
734	-36.0%	28.1%	526	-49.0%	190	66.7%	716	-37.5%	26.5%
839	-7.3%	35.0%	426	-30.3%	261	-11.2%	687	-24.1%	38.0%
779	7.3%	28.0%	510	-11.9%	179	21.8%	689	-5.1%	26.0%
992	-26.3%	14.5%	862	-28.1%	138	-6.8%	999	-25.8%	13.8%
725	-17.4%	30.3%	507	-29.7%	206	31.2%	713	-18.8%	28.9%
623	-40.7%	15.7%	504	-49.3%	42	-25.0%	546	-48.0%	7.7%
582	-35.8%	36.9%	349	-55.1%	213	65.8%	561	-38.0%	37.9%
855	-10.9%	30.4%	398	-43.6%	250	-1.6%	648	-32.5%	38.6%
789	-29.7%	23.2%	586	-42.7%	164	62.4%	750	-33.2%	21.9%
763	-29.4%	29.5%	485	-47.5%	199	25.9%	684	-36.7%	29.1%
700	-15.6%	23.2%	533	-20.8%	145	-7.5%	678	-18.3%	21.3%
735	-24.8%	25.9%	507	-37.4%	205	22.8%	712	-27.1%	28.8%
1,002	-14.9%	17.3%	799	-24.1%	168	33.9%	967	-17.9%	17.4%
641	-30.4%	18.9%	520	-39.6%	139	131.7%	659	-28.4%	21.1%
670	-24.5%	33.8%	468	-31.7%	232	14.9%	700	-21.1%	33.1%
1,197	-5.5%	51.7%	581	-15.6%	637	10.1%	1,218	-3.8%	52.3%
1,083	-12.5%	11.6%	915	-17.5%	126	-2.3%	1,041	-15.9%	12.1%
539	-13.9%	34.0%	357	-18.3%	168	-11.1%	525	-16.1%	32.0%
702	-11.3%	28.9%	508	-14.8%	194	-0.5%	702	-11.3%	27.6%
628	-3.4%	20.9%	478	-6.3%	123	-12.1%	601	-7.5%	20.5%
718	-5.7%	15.3%	587	-9.9%	108	-1.2%	695	-8.7%	15.6%
750	-23.9%	21.5%	595	-27.4%	129	-22.8%	724	-26.6%	17.8%

市名	大袋価格(円)	導入前年度					導入翌年度			
		(A) 可・不・粗	(B) 資源物	(A+B) 家庭ごみ排出量	(B/(A+B)) 資源回収率	(A) 可・不・粗	増減	(B) 資源物	増減
S26	30	1,165	127	1,292	9.8%	805	-30.9%	83	-34.6%
S27	60	733	151	884	17.1%	609	-16.9%	156	3.3%
S28	50	848	54	902	6.0%	605	-28.7%	154	185.2%
S29	50	781	191	972	19.7%	619	-20.7%	250	30.9%
S30	30	1,242	206	1,448	14.2%	1,151	-7.3%	250	21.4%
S31	30	979	94	1,073	8.8%	819	-16.3%	151	60.6%
S32	45	746	226	972	23.3%	669	-10.3%	245	8.4%
S33	32	632	165	797	20.7%	567	-10.2%	205	24.1%
S34	16	773	118	891	13.2%	696	-10.0%	131	11.0%
S35	35	873	175	1,048	16.7%	778	-10.9%	190	8.6%
S36	50	867	236	1,103	21.4%	792	-8.7%	176	-25.5%
S37	75	668	84	752	11.2%	476	-28.7%	152	81.0%
S38	80	611	174	786	22.2%	503	-17.8%	261	50.0%
S39	60	622	234	856	27.3%	518	-16.7%	232	-0.9%
S40	84	574	261	835	31.3%	433	-24.5%	357	36.8%
S41	80	596	125	721	17.3%	490	-17.8%	141	12.8%
S42	80	572	189	761	24.9%	483	-15.6%	234	23.4%
S43	80	982	150	1,132	13.3%	633	-35.6%	261	73.5%
S44	72	727	213	939	22.6%	646	-11.1%	229	7.4%
S45	60	727	290	1,016	28.5%	688	-5.3%	298	2.8%
S46	80	616	228	844	27.0%	515	-16.4%	260	13.7%
S47	40	607	223	830	26.9%	539	-11.2%	216	-3.1%
S48	60	552	207	758	27.2%	457	-17.1%	214	3.8%
S49	60	613	151	764	19.8%	535	-12.7%	196	29.8%
S50	60	586	303	889	34.1%	506	-13.6%	306	1.0%
S51	60	841	246	1,087	22.6%	694	-17.4%	262	6.8%
S52	80	536	189	724	26.0%	391	-27.1%	236	25.4%
S53	80	823	218	1,041	20.9%	685	-16.8%	218	0.0%
S54	80	642	158	800	19.8%	458	-28.7%	240	51.9%
S55	45	679	201	880	22.9%	485	-28.6%	268	33.1%
S56	52	1,173	129	1,302	9.9%	891	-24.0%	232	79.8%
S57	45	719	120	839	14.3%	552	-23.2%	141	17.5%
S58	50	590	96	686	14.0%	502	-14.9%	160	66.7%
S59	35	817	216	1,034	20.9%	632	-22.6%	217	0.3%
S60	45	805	153	958	16.0%	656	-18.5%	188	22.9%
S61	49.5	611	306	917	33.3%	364	-40.4%	304	-0.5%
S62	32	994	96	1,090	8.8%	711	-28.5%	69	-28.1%
S63	50	898	104	1,002	10.4%	628	-30.1%	131	26.0%
S64	30	850	178	1,028	17.3%	717	-15.6%	167	-6.2%

第1章　家庭ごみ有料化の現状とごみ減量効果　　13

(A+B)		(B/(A+B))	導入5年目年度または2010年度					
			(A)		(B)		(A+B)	(B/(A+B))
家庭ごみ排出量	増減	資源回収率	可・不・粗	増減	資源物	増減	家庭ごみ排出量	増減	資源回収率
888	-31.3%	9.3%	856	-26.5%	155	22.0%	1,011	-21.7%	15.3%
765	-13.5%	20.4%	614	-16.2%	150	-0.7%	764	-13.6%	19.6%
759	-15.9%	20.3%	547	-35.5%	135	150.0%	682	-24.4%	19.8%
869	-10.6%	28.8%	614	-21.4%	217	13.6%	831	-14.5%	26.1%
1,401	-3.2%	17.8%	1,147	-7.6%	214	3.9%	1,361	-6.0%	15.7%
970	-9.6%	15.6%	796	-18.7%	134	42.6%	930	-13.3%	14.4%
914	-6.0%	26.8%	568	-23.9%	185	-18.1%	753	-22.5%	24.6%
772	-3.1%	26.5%	529	-16.3%	193	17.2%	722	-9.4%	26.8%
827	-7.2%	15.8%	717	-7.2%	133	12.7%	850	-4.6%	15.6%
968	-7.6%	19.6%	766	-12.3%	194	10.9%	960	-8.4%	20.2%
967	-12.3%	18.2%	633	-27.0%	206	-12.7%	839	-24.0%	24.5%
628	-16.5%	24.2%	450	-32.6%	139	65.5%	589	-21.7%	23.6%
764	-2.8%	34.2%	491	-19.7%	230	31.9%	721	-8.3%	31.9%
750	-12.4%	30.9%	496	-20.3%	248	6.0%	744	-13.1%	33.3%
790	-5.3%	45.2%	395	-31.2%	314	20.4%	709	-15.1%	44.3%
631	-12.5%	22.3%	468	-21.5%	120	-4.0%	588	-18.4%	20.4%
716	-5.9%	32.6%	426	-25.6%	210	11.1%	636	-16.5%	33.1%
894	-21.1%	29.2%	614	-37.5%	253	68.0%	866	-23.5%	29.2%
875	-6.9%	26.1%	619	-14.8%	229	7.4%	848	-9.8%	27.0%
986	-3.0%	30.2%	629	-13.5%	359	23.9%	987	-2.9%	36.3%
774	-8.2%	33.5%	478	-22.3%	220	-3.5%	699	-17.2%	31.5%
755	-9.0%	28.6%	500	-17.6%	207	-7.2%	707	-14.8%	29.3%
672	-11.4%	31.9%	459	-16.8%	214	3.8%	674	-11.2%	31.8%
731	-4.3%	26.8%	495	-19.2%	187	23.8%	682	-10.7%	27.4%
812	-8.6%	37.7%	511	-12.8%	302	-0.3%	813	-8.5%	37.2%
957	-12.0%	27.4%	666	-20.8%	246	0.1%	912	-16.1%	27.0%
627	-13.4%	37.7%	387	-27.7%	234	24.0%	621	-14.2%	37.7%
903	-13.3%	24.1%	668	-18.8%	211	-3.2%	879	-15.6%	24.0%
698	-12.8%	34.4%	451	-29.8%	204	29.1%	655	-18.1%	31.1%
752	-14.5%	35.6%	478	-29.6%	267	32.6%	745	-15.4%	35.8%
1,123	-13.7%	20.7%	737	-37.2%	232	79.8%	969	-25.6%	23.9%
693	-17.4%	20.3%	569	-20.9%	152	26.7%	721	-14.1%	21.1%
662	-3.5%	24.2%	495	-16.1%	174	81.3%	669	-2.5%	26.0%
850	-17.8%	25.6%	666	-18.5%	190	-12.1%	856	-17.2%	22.2%
844	-11.9%	22.3%	652	-19.0%	183	19.6%	835	-12.8%	21.9%
668	-27.1%	45.5%	353	-42.3%	309	1.3%	662	-27.8%	46.7%
780	-28.4%	8.8%	874	-12.1%	86	-10.4%	960	-11.9%	9.0%
759	-24.3%	17.3%	671	-25.3%	149	43.3%	820	-18.2%	18.2%
884	-14.0%	18.9%	692	-18.6%	160	-10.1%	852	-17.1%	18.8%

市名	大袋価格(円)	導入前年度					導入翌年度			
		(A)	(B)	(A+B)	(B/(A+B))	(A)		(B)	
		可・不・粗	資源物	家庭ごみ排出量	資源回収率	可・不・粗	増減	資源物	増減
S65	30	613	32	645	5.0%	543	-11.4%	44	37.5%
S66	30	946	34	980	3.5%	649	-31.4%	55	61.8%
S67	30	890	93	983	9.5%	587	-34.0%	156	67.7%
S68	60	1,125	196	1,321	14.8%	966	-14.1%	186	-5.1%
S69	39	278	352	630	55.9%	234	-15.8%	354	0.6%
S70	70	482	202	684	29.5%	400	-17.0%	250	23.8%
S71	50	407	206	613	33.7%	329	-19.2%	217	5.4%
S72	21	428	177	605	29.3%	402	-6.1%	180	1.7%
S73	20	529	159	688	23.1%	496	-6.2%	148	-6.9%
S74	68	1,034	216	1,250	17.3%	641	-38.0%	263	21.9%
S75	45	453	178	631	28.2%	436	-3.8%	158	-11.2%
S76	45	534	36	570	6.3%	440	-17.6%	60	66.7%
S77	40	1,098	103	1,201	8.6%	887	-19.2%	191	84.5%
S78	40	639	30	669	4.5%	522	-18.2%	121	300.5%
S79	9	1,333	163	1,496	10.9%	1,108	-16.9%	187	14.7%
S80	45	630	109	739	14.7%	444	-29.5%	145	33.0%
S81	45	718	176	894	19.7%	546	-24.0%	181	2.8%
S82	50	551	153	704	21.7%	521	-5.4%	159	3.9%
S83	35	637	153	790	19.4%	481	-24.5%	137	-10.5%
S84	45	708	36	744	4.8%	552	-22.0%	60	66.7%
S85	45	812	114	926	12.3%	661	-18.6%	160	40.4%
S86	47	749	123	872	14.1%	694	-7.3%	135	9.8%
S87	60	539	166	705	23.5%	452	-16.1%	166	0.0%
S88	60	801	189	990	19.1%	549	-31.5%	160	-15.3%
S89	30	545	159	704	22.6%	521	-4.4%	159	0.0%
S90	40	857	235	1,092	21.5%	810	-5.5%	265	12.8%
S91	50	656	117	773	15.1%	525	-20.0%	122	4.3%
S92	50	868	141	1,008	14.0%	721	-16.9%	155	9.8%
S93	34.5	457	214	671	31.9%	373	-18.4%	175	-18.6%
S94	22	505	126	631	20.0%	458	-9.3%	143	13.5%
S95	50	700	94	793	11.8%	486	-30.6%	174	85.6%
S96	10	657	173	830	20.8%	640	-2.6%	178	2.9%
S97	13	1,114	169	1,283	13.2%	1,052	-5.6%	173	2.4%
S98	30	553	244	797	30.6%	486	-12.1%	234	-4.1%
S99	30	1,363	50	1,413	3.5%	1,250	-8.3%	55	10.0%
S100	25	736	143	879	16.3%	731	-0.7%	126	-11.5%
S101	40	703	170	873	19.5%	565	-19.6%	166	-2.5%
S102	45	660	94	754	12.5%	605	-8.3%	109	16.0%
S103	40	787	159	946	16.8%	632	-19.7%	148	-6.9%

			導入5年目年度または2010年度					
(A+B)		(B/(A+B))	(A)		(B)		(A+B)		(B/(A+B))
家庭ごみ排出量	増減	資源回収率	可・不・粗	増減	資源物	増減	家庭ごみ排出量	増減	資源回収率
587	-9.0%	7.5%	545	-11.1%	42	31.3%	587	-9.0%	7.2%
704	-28.2%	7.8%	730	-22.8%	92	170.6%	822	-16.1%	11.2%
743	-24.4%	21.0%	636	-28.5%	204	119.4%	840	-14.5%	24.3%
1,152	-12.8%	16.1%	937	-16.7%	183	-6.6%	1,120	-15.2%	16.3%
588	-6.7%	60.2%	235	-15.5%	323	-8.2%	558	-11.4%	57.9%
650	-5.0%	38.5%	300	-37.8%	227	12.4%	527	-23.0%	43.1%
546	-10.9%	39.8%	411	1.2%	236	14.4%	647	5.6%	36.4%
582	-3.8%	30.9%	417	-2.6%	180	1.7%	597	-1.3%	30.2%
644	-6.4%	23.0%	514	-2.8%	130	-18.2%	644	-6.4%	20.2%
904	-27.6%	29.1%	638	-38.3%	255	18.2%	893	-28.6%	28.6%
594	-5.9%	26.6%	445	-1.8%	157	-11.8%	602	-4.6%	26.1%
500	-12.3%	12.0%	405	-24.2%	77	113.9%	482	-15.4%	16.0%
1,077	-10.3%	17.7%	868	-20.9%	164	58.7%	1,032	-14.0%	15.9%
644	-3.8%	18.9%	501	-21.5%	131	333.3%	633	-5.5%	20.8%
1,295	-13.4%	14.4%	979	-26.6%	131	-19.6%	1,110	-25.8%	11.8%
589	-20.3%	24.6%	431	-31.6%	138	26.6%	569	-23.0%	24.3%
727	-18.7%	24.9%	540	-24.8%	176	0.0%	716	-19.9%	24.6%
680	-3.4%	23.4%	479	-13.1%	165	7.8%	644	-8.5%	25.6%
618	-21.8%	22.2%	453	-28.9%	118	-22.9%	571	-27.7%	20.7%
612	-17.7%	9.8%	527	-25.6%	68	88.9%	595	-20.0%	11.4%
821	-11.3%	19.5%	661	-18.6%	146	28.1%	807	-12.9%	18.1%
829	-4.9%	16.3%	639	-14.7%	204	65.9%	843	-3.3%	24.2%
618	-12.3%	26.9%	418	-22.4%	151	-9.0%	569	-19.3%	26.5%
709	-28.4%	22.6%	530	-33.8%	138	-27.0%	668	-32.5%	20.7%
680	-3.4%	23.4%	486	-10.8%	137	-13.8%	623	-11.5%	22.0%
1,075	-1.6%	24.7%	764	-10.9%	296	26.0%	1,060	-2.9%	27.9%
647	-16.3%	18.9%	520	-20.7%	114	-2.6%	634	-18.0%	18.0%
875	-13.2%	17.7%	563	-35.1%	134	-5.0%	697	-30.9%	19.2%
547	-18.5%	31.9%	356	-22.2%	164	-23.6%	519	-22.6%	31.5%
601	-4.8%	23.8%	448	-11.3%	203	61.1%	651	3.2%	31.2%
660	-16.9%	26.4%	484	-30.8%	178	90.3%	663	-16.5%	26.9%
818	-1.4%	21.8%	544	-17.2%	186	7.5%	730	-12.0%	25.5%
1,225	-4.5%	14.1%	1,099	-1.3%	149	-11.8%	1,248	-2.7%	11.9%
720	-9.7%	32.5%	431	-22.1%	202	-17.2%	633	-20.6%	31.9%
1,305	-7.6%	4.2%	1,137	-16.6%	57	14.0%	1,194	-15.5%	4.8%
857	-2.4%	14.7%	727	-1.2%	102	-28.6%	829	-5.7%	12.3%
731	-16.3%	22.7%	527	-25.0%	149	-12.2%	677	-22.5%	22.1%
714	-5.3%	15.3%	548	-17.0%	94	0.0%	642	-14.9%	14.6%
780	-17.5%	19.0%	616	-21.7%	133	-16.4%	749	-20.8%	17.8%

市名	大袋価格(円)	導入前年度				導入翌年度			
		(A) 可・不・粗	(B) 資源物	(A+B) 家庭ごみ排出量	(B/(A+B)) 資源回収率	(A) 可・不・粗	増減	(B) 資源物	増減
S104	60	1,044	115	1,158	9.9%	858	-17.8%	112	-2.3%
S105	30	834	108	942	11.5%	807	-3.2%	96	-11.1%
S106	40	890	27	917	2.9%	677	-24.0%	104	290.2%
S107	40	669	247	916	27.0%	572	-14.5%	307	24.3%
S108	45	655	196	851	23.0%	531	-18.9%	173	-11.7%
S109	35	711	84	795	10.6%	655	-7.8%	92	9.8%
S110	30	800	54	854	6.3%	632	-21.0%	38	-29.6%
S111	25	506	94	600	15.7%	497	-1.8%	90	-4.3%
S112	30	594	98	692	14.2%	534	-10.1%	104	6.1%
S113	40	916	190	1,106	17.2%	779	-15.0%	191	0.4%
S114	32	605	100	705	14.2%	489	-19.2%	154	54.0%
S115	30	653	90	743	12.1%	527	-19.3%	81	-10.0%
S116	20	701	155	856	18.1%	696	-0.7%	240	54.8%
S117	54	188	17	205	8.3%	90	-52.1%	29	70.6%
S118	20	1,029	21	1,050	2.0%	854	-17.0%	112	433.3%

【超過従量制】

市(区)	大袋価格(円)	導入前年度				導入翌年度			
		(A) 可・不・粗	(B) 資源物	(A+B) 家庭ごみ排出量	(B/(A+B)) 資源回収率	(A) 可・不・粗	増減	(B) 資源物	増減
E1	180	710	136	846	16.1%	438	-38.3%	198	45.6%
E2	100	503	187	690	27.1%	416	-17.3%	208	11.2%
E3	200	930	165	1,095	15.1%	618	-33.5%	192	16.4%
E4	200	613	150	763	19.7%	500	-18.4%	182	21.3%
E5	80	697	204	901	22.6%	660	-5.3%	246	20.6%
E6	100	686	178	863	20.6%	491	-28.4%	227	27.9%
E7	80	653	108	761	14.2%	486	-25.6%	110	1.9%
E8	60	668	155	823	18.8%	552	-17.3%	173	11.7%
E9	63	898	99	997	9.9%	592	-34.1%	131	32.8%
E10	100	689	194	883	22.0%	482	-30.0%	229	18.0%
E11	40	689	111	800	13.9%	620	-10.0%	108	-2.7%
E12	220	669	121	790	15.3%	479	-28.4%	134	10.7%

第1章　家庭ごみ有料化の現状とごみ減量効果

(A+B)		(B/(A+B))	導入5年目年度または2010年度						(B/(A+B))
			(A)		(B)		(A+B)		
家庭ごみ排出量	増減	資源回収率	可・不・粗	増減	資源物	増減	家庭ごみ排出量	増減	資源回収率
970	-16.2%	11.5%	842	-19.4%	116	1.1%	957	-17.3%	12.1%
903	-4.1%	10.6%	830	-0.5%	83	-23.1%	913	-3.1%	9.1%
780	-14.9%	13.3%	700	-21.4%	95	258.6%	795	-13.3%	12.0%
879	-4.0%	34.9%	617	-7.8%	251	1.6%	868	-5.2%	28.9%
704	-17.3%	24.6%	535	-18.3%	150	-23.5%	685	-19.5%	21.9%
747	-6.0%	12.4%	627	-11.8%	170	101.7%	796	0.2%	21.3%
670	-21.5%	5.7%	599	-25.1%	84	55.6%	683	-20.0%	12.3%
587	-2.2%	15.3%	516	2.0%	69	-26.6%	585	-2.5%	11.8%
638	-7.8%	16.3%	490	-17.5%	75	-23.5%	565	-18.4%	13.3%
969	-12.3%	19.7%	861	-6.0%	228	20.1%	1,089	-1.5%	20.9%
643	-8.8%	24.0%	422	-30.2%	165	65.0%	587	-16.7%	28.1%
608	-18.2%	13.3%	495	-24.2%	79	-12.2%	574	-22.7%	13.8%
936	9.3%	25.6%	737	5.1%	255	64.5%	992	15.9%	25.7%
119	-42.0%	24.4%	94	-50.0%	28	64.7%	122	-40.5%	23.0%
966	-8.0%	11.6%	776	-24.6%	74	252.4%	850	-19.0%	8.7%

(A+B)		(B/(A+B))	導入5年目年度または2010年度						(B/(A+B))
			(A)		(B)		(A+B)		
家庭ごみ排出量	増減	資源回収率	可・不・粗	増減	資源物	増減	家庭ごみ排出量	増減	資源回収率
636	-24.8%	31.1%	480	-32.4%	196	44.1%	676	-20.1%	29.0%
624	-9.6%	33.3%	406	-19.3%	206	10.2%	612	-11.3%	33.7%
810	-26.0%	23.7%	617	-33.7%	196	18.8%	813	-25.8%	24.1%
682	-10.6%	26.7%	485	-20.9%	161	7.3%	646	-15.3%	24.9%
906	0.6%	27.2%	728	4.4%	215	5.4%	943	4.7%	22.8%
718	-16.8%	31.6%	489	-28.7%	212	19.3%	701	-18.9%	30.2%
596	-21.7%	18.5%	469	-28.2%	103	-4.6%	572	-24.8%	18.0%
726	-11.9%	23.9%	554	-17.2%	172	11.2%	726	-11.8%	23.7%
723	-27.4%	18.1%	578	-35.6%	147	48.4%	725	-27.3%	20.2%
711	-19.5%	32.2%	481	-30.2%	207	6.7%	688	-22.1%	30.1%
728	-9.0%	14.8%	568	-17.6%	131	18.0%	699	-12.6%	18.7%
613	-22.4%	21.9%	513	-23.3%	97	-19.8%	610	-22.8%	15.9%

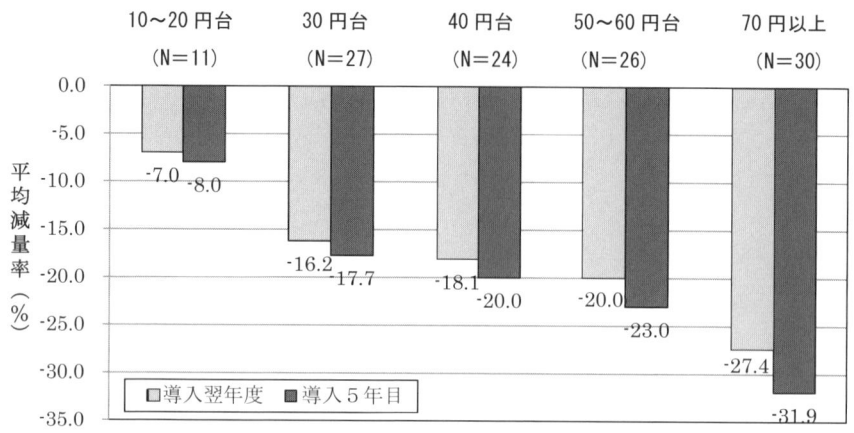

注）有料化導入前年度比の平均減量率で表記．

図1-7　手数料水準と処分ごみの減量効果（2000年度以降有料化導入・単純従量制118市）

ごみ（A）」（可燃・不燃・粗大ごみ）と，処分ごみに「集団回収を含む資源物（B）」を加えた「家庭ごみ排出量（A+B）」の2つのカテゴリーを用いる．前者は有料化によるリサイクル促進効果とごみ発生抑制効果の総合効果を検証するのに適した指標であり，後者は有料化によるごみ発生抑制効果をみるのに欠かせない指標である．

図1-7と図1-8において，横軸には大袋1枚の価格帯（およびその価格帯に包摂されるサンプル市数），縦軸には当の価格帯に包摂される複数の市の減量効果の平均値（平均減量率）をとり，2本の棒グラフは有料化導入の翌年度と5年目の年度における価格帯別のごみ減量効果（導入前年度比）を示している．

まず，処分ごみの減量効果（導入前年度比）を価格帯別に，有料化導入の翌年度と5年目の年度について示すのが図1-7である．導入翌年度，5年目の年度とも，どの価格帯についても平均減量率はマイナスで，価格帯が高くなるにつれ減量率が高くなる傾向が現れている．しかも，どの価格帯についても，導入翌年度よりも5年目の方が減量効果は大きく出ている．中心価格帯である大袋1枚30～60円台の手数料について，有料化翌年度で16～20％，5年目年度には17～23％の処分ごみ減量効果を確認できる．

次に，家庭ごみ排出量の減量効果（導入前年度比）を価格帯別に，有料化導入

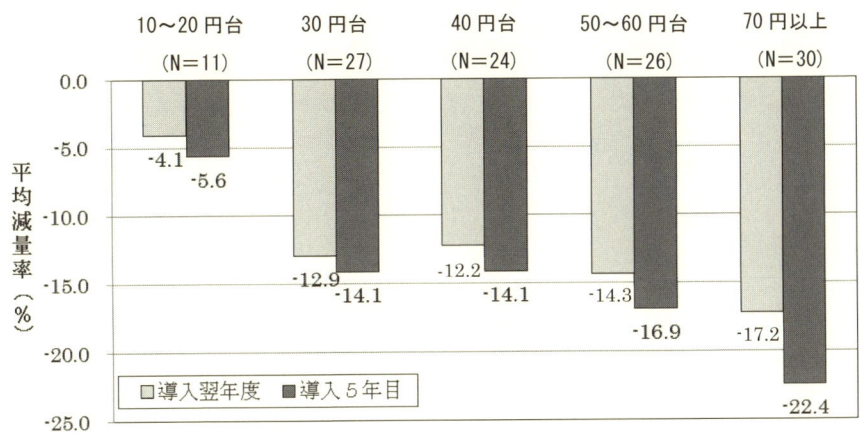

注) 有料化導入前年度比の平均減量率で表記.
図1-8 手数料水準と家庭ごみ排出量の減量効果 (2000年度以降有料化導入・単純従量制118市)

の翌年度と5年目の年度について示すのが図1-8である．図1-7と同じように，導入翌年度，5年目の年度とも，どの価格帯についても平均減量率はマイナスで，価格帯が高いと減量率も概ね高くなる傾向が認められる．しかし，家庭ごみ排出量の平均減量率は，翌年度と5年目の年度いずれにおいても，すべての価格帯について処分ごみのそれを下回っている．それでも，中心価格帯である大袋1枚30～60円台の手数料徴収によって，有料化翌年度で13～14％，5年目年度には14～17％の家庭ごみ排出量減量効果が確認できる．

全国ベースでの家庭ごみ排出量は，ピークを迎えた2000年度の5,483万tからほぼ一貫して減少を続け，2011年度には4,539万tへと11年間に17％減少している．このことから，「ごみが減量しているから，有料化は不要ではないか」との指摘を受けることがある．しかし，ある程度高い手数料水準の有料化には，11年間を要した家庭ごみ減量率を，導入の翌年度から実現できるだけのインパクトがあることに留意したい．

有料化導入前後の家庭系資源回収率（集団回収を含む資源物／家庭ごみ排出量）についても，図1-9により確認しておこう．有料化を導入する前年度に17.8％であった資源回収率は，有料化導入の翌年度には24.5％に上昇し，5年目の年度にも24.0％を維持している．翌年度から5年目の年度にかけてのスローダ

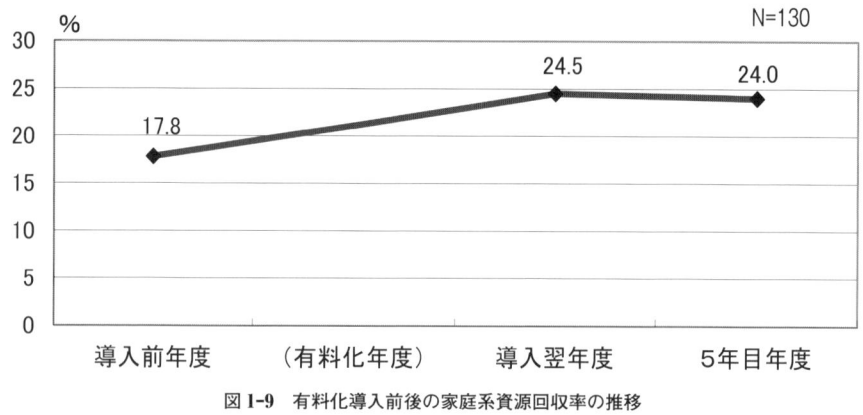

図 1-9 有料化導入前後の家庭系資源回収率の推移

ウンは，資源持ち去り，生活様式の変化や景気の低迷による新聞・雑誌の購読量減少傾向，集団回収の停滞など，全国の自治体が直面する状況が反映されたものとみられる．

以上の調査結果から，家庭ごみ有料化によるごみ減量・資源化効果について次のように要約できる．

① 有料化実施により処分ごみ，家庭ごみ排出量ともかなり大きな減量効果が出る
② 手数料水準が高いほど，減量効果は大きくなる傾向がある
③ リバウンドの傾向はみられず，減量効果は有料化実施後も持続している
④ 有料化実施により資源回収率が高まる

3 有料化の成果の戦略的位置づけ

本章では，家庭ごみ有料化について，その現状を分析し，実施で得られるごみ減量効果を検証した．有料化は全国の自治体で着実に進展しており，多くの自治体においてごみ減量の成果をもたらしている．有料化でごみを減らしたとして，自治体にとってはそのごみ減量をどう経費削減に結び付けるかが次の取り組み課題となる．有料化の導入で住民に新たな負担を求めるとき，住民サイドの行政をみる目もこれまで以上に厳しくなり，自治体に対してごみ処理サービスの効率化

が要求されることになるからである．

　このテーマについては次章以下での分析の対象となるが，結論からいえば，有料化によりごみの量は確実に減るが，それが直ちに経費削減に結びつくとは限らない．ごみ減量が比較的短い期間に経費削減をもたらすかどうかは，有料化を導入した自治体のごみ処理状況に大きく左右されるし，与えられた状況のもとでの業務体制や契約方法の見直しや工夫にも依存する．

　近年有料化に取り組む自治体の中には，有料化の狙いとして，ごみ減量による中間処理施設の更新不要化や施設規模の縮小化，それによる経費の大幅削減，さらには環境負荷軽減の効果を明示的に掲げるところもある．有料化の成果について，ごみ減量にとどまらず，行政経費の削減，環境負荷の軽減，ごみへの関心強化を通じた協働的な３Ｒの取り組みなど，もっと大きな枠組みの中で戦略的にとらえる機運が芽生えてきている．

注
1）2000年度以降の有料化に限定した理由は次のとおり．３Ｒ（リデュース，リユース，リサイクル）の推進に重点を置いたごみ政策の基本方針が国により制度化されたのは，循環型社会形成推進基本法が制定された2000年である．この頃から，わが国では市民，事業者，自治体の間に３Ｒの理念や行動が着実に浸透し，一般廃棄物の排出総量，１人１日当たりごみ排出量も減少に転じるようになった．これからの有料化のあり方を検討する上では，ごみ減量効果についても，年々ごみ量が増大し続けた1990年代までの有料化と，大量廃棄への反省から３Ｒへの取り組みが本格化してきた時代の有料化とを切り分けて，後者の時代に限定した分析が有益である．

第2章 有料化でごみ処理経費を減らせるか

　第1章では，2000年度以降有料化導入市の減量効果を平均すると，リバウンドの傾向は見られず減量効果は有料化実施後も持続していること，また手数料水準が高いほど減量効果が大きくなる傾向があること，を調査知見として示した．

　有料化でごみを減らしても，自治体にとってはそのごみ減量をどう経費削減に結び付けるかが次の取り組み課題となる．有料化の導入で住民に新たな負担を求めれば，住民サイドの行政を見る目もこれまで以上に厳しくなり，自治体に対してごみ処理サービスの効率化が要求されることになるからである．

1　市民1人当たりごみ処理経費・収集運搬費

(1)　有料化によるごみ減量で処理経費は削減されたか

　今回の「第4回全国都市家庭ごみ有料化アンケート調査」（2012年2～3月実施，有効回答市は47頁参照）では，ごみ処理経費総額，部門別経費，市民1人当たりごみ処理経費の推移と，経年変化の主因について調べた．全集計データの中から，2000年度以降に有料化を導入した市で有効と判断されるものだけを抽出し，市民1人当たりごみ処理経費の推移，ごみ収集運搬費の推移に関するデータを取り出して作成したのが，それぞれ**表2-1**，**表2-2**である．抽出したのは77市のデータである．

　表2-1から作成した**図2-1**は，市民1人当たりごみ処理経費について，有料化導入前年度との比較で翌年度，5年目の年度における増減変化率を該当する市の数（棒グラフ表示）で示したものである．これをみると，市民1人当たりごみ処理経費は，有料化の翌年度において増加した市と減少した市の数がほぼ半々であるが，5年目の年度には増加した市の数が減少した市の数を上回っている．ごみの処理費用はごみ量に比例しない固定費（職員の人件費，設備の減価償却費など）

表2-1 有料化実施前後における市民1人当たりごみ処理経費の推移　　(単位：円)

市名	導入前年度 経費	翌年度 経費	翌年度 導入前年度比	翌年度 増減率	5年目年度 経費	5年目年度 導入前年度比	5年目年度 増減率
X1	10,113	12,579	2,466	24.4%	11,813	1,700	16.8%
X2	7,637	8,367	730	9.6%	15,341	7,704	100.9%
X3	9,936	10,254	318	3.2%	9,474	-462	-4.6%
X4	9,746	13,016	3,270	33.6%	14,123	4,377	44.9%
X5	7,856	7,614	-242	-3.1%	7,841	-15	-0.2%
X6	7,542	10,047	2,505	33.2%	11,093	3,551	47.1%
X7	12,355	13,838	1,483	12.0%	15,698	3,343	27.1%
X8	4,698	11,404	6,706	142.7%	11,511	6,813	145.0%
X9	9,649	10,172	523	5.4%	13,632	3,983	41.3%
X10	13,390	15,740	2,350	17.6%	14,050	660	4.9%
X11	7,618	13,741	6,123	80.4%	20,093	12,475	163.8%
X12	13,700	7,222	-6,478	-47.3%	9,938	-3,762	-27.5%
X13	4,973	5,728	755	15.2%	5,735	762	15.3%
X14	9,086	8,603	-483	-5.3%	9,061	-25	-0.3%
X15	6,345	6,291	-54	-0.9%	6,177	-168	-2.6%
X16	7,509	7,668	159	2.1%	7,451	-58	-0.8%
X17	11,783	11,720	-63	-0.5%	11,427	-356	-3.0%
X18	6,795	8,157	1,362	20.0%	7,896	1,101	16.2%
X19	5,901	8,138	2,237	37.9%	9,138	3,237	54.9%
X20	12,728	12,723	-5	0.0%	12,320	-408	-3.2%
X21	5,925	6,406	481	8.1%	7,029	1,104	18.6%
X22	11,745	10,155	-1,590	-13.5%	11,229	-516	-4.4%
X23	4,298	4,033	-265	-6.2%	6,525	2,227	51.8%
X24	16,353	15,639	-714	-4.4%	19,154	2,801	17.1%
X25	12,029	13,960	1,931	16.1%	17,011	4,982	41.4%
X26	8,543	8,354	-189	-2.2%	8,002	-541	-6.3%
X27	6,703	6,946	243	3.6%	11,970	5,267	78.6%
X28	19,562	21,020	1,458	7.5%	18,680	-882	-4.5%
X29	29,524	24,072	-5,452	-18.5%	25,618	-3,906	-13.2%
X30	13,716	14,359	643	4.7%	15,703	1,987	14.5%
X31	13,918	12,575	-1,343	-9.6%	20,325	6,407	46.0%
X32	13,391	17,344	3,953	29.5%	17,797	4,406	32.9%
X33	17,443	19,527	2,084	11.9%	23,280	5,837	33.5%
X34	12,488	16,318	3,830	30.7%	14,497	2,009	16.1%
X35	16,723	15,381	-1,342	-8.0%	15,038	-1,685	-10.1%
X36	16,574	16,078	-496	-3.0%	15,092	-1,482	-8.9%
X37	16,134	15,569	-565	-3.5%	13,443	-2,691	-16.7%
X38	14,164	15,885	1,721	12.2%	14,937	773	5.5%

X39	16,444	15,991	-453	-2.8%	15,980	-464	-2.8%
X40	12,804	13,109	305	2.4%	13,142	338	2.6%
X41	13,299	13,210	-89	-0.7%	12,692	-607	-4.6%
X42	7,594	7,032	-562	-7.4%	8,522	928	12.2%
X43	7,137	6,833	-304	-4.3%	6,716	-421	-5.9%
X44	6,679	10,204	3,525	52.8%	6,971	292	4.4%
X45	12,221	11,024	-1,197	-9.8%	11,698	-523	-4.3%
X46	7,945	7,424	-521	-6.6%	7,732	-213	-2.7%
X47	15,346	15,039	-307	-2.0%	15,152	-194	-1.3%
X48	13,286	11,991	-1,295	-9.7%	11,801	-1,485	-11.2%
X49	7,431	7,185	-246	-3.3%	6,739	-692	-9.3%
X50	21,090	22,081	991	4.7%	19,800	-1,290	-6.1%
X51	8,385	9,328	943	11.2%	10,833	2,448	29.2%
X52	12,400	12,219	-181	-1.5%	10,764	-1,636	-13.2%
X53	11,950	11,520	-430	-3.6%	11,860	-90	-0.8%
X54	14,462	14,468	6	0.0%	15,273	811	5.6%
X55	12,866	12,309	-557	-4.3%	11,914	-952	-7.4%
X56	11,932	12,053	121	1.0%	16,146	4,214	35.3%
X57	14,173	14,372	199	1.4%	20,532	6,359	44.9%
X58	12,741	12,852	111	0.9%	10,665	-2,076	-16.3%
X59	14,363	14,565	202	1.4%	13,245	-1,118	-7.8%
X60	7,675	7,060	-615	-8.0%	7,216	-459	-6.0%
X61	14,792	13,100	-1,692	-11.4%	12,396	-2,396	-16.2%
X62	12,037	11,952	-85	-0.7%	11,206	-831	-6.9%
X63	10,594	13,084	2,490	23.5%	11,494	900	8.5%
X64	13,561	13,621	60	0.4%	13,865	304	2.2%
X65	8,452	11,860	3,408	40.3%	12,482	4,030	47.7%
X66	15,415	11,066	-4,349	-28.2%	10,873	-4,542	-29.5%
X67	16,599	18,836	2,237	13.5%	18,187	1,588	9.6%
X68	2,248	2,216	-32	-1.4%	2,549	301	13.4%
X69	13,669	9,191	-4,478	-32.8%	9,069	-4,600	-33.7%
X70	18,597	17,211	-1,386	-7.5%	16,419	-2,178	-11.7%
X71	16,580	18,637	2,057	12.4%	17,384	804	4.8%
X72	13,016	11,435	-1,581	-12.1%	12,150	-866	-6.7%
X73	18,396	17,612	-784	-4.3%	18,350	-46	-0.3%
X74	9,942	8,298	-1,644	-16.5%	11,224	1,282	12.9%
X75	6,629	5,666	-963	-14.5%	6,082	-547	-8.3%
X76	10,179	9,905	-274	-2.7%	11,110	931	9.1%
X77	10,692	8,733	-1,959	-18.3%	10,945	253	2.4%

表 2-2 有料化実施前後におけるごみ収集運搬費の推移

(単位：千円)

市名	導入前年度 経費	翌年度 経費	翌年度 導入前年度比	翌年度 導入前年度比	導入5年目年度 経費	導入5年目年度 導入前年度比	導入5年目年度 導入前年度比	収集事業の変更
X1	1,443,743	1,303,580	-140,163	-9.7%	1,271,680	-172,063	-11.9%	新資源品目収集
X2	525,379	604,904	79,525	15.1%	492,056	-33,323	-6.3%	新資源品目収集
X3	1,325,708	1,386,745	61,037	4.6%	1,228,448	-97,260	-7.3%	新資源品目収集
X4	1,145,287	1,261,526	116,239	10.1%	1,176,622	31,335	2.7%	新資源品目収集
X5	778,246	807,234	28,988	3.7%	827,953	49,707	6.4%	
X6	147,585	158,362	10,777	7.3%	152,482	4,897	3.3%	
X7	382,316	338,794	-43,522	-11.4%	340,043	-42,273	-11.1%	危険ごみ分別収集
X8	58,412	76,344	17,932	30.7%	52,114	-6,298	-10.8%	新資源品目収集
X9	66,780	66,150	-630	-0.9%	76,675	9,895	14.8%	
X10	289,392	352,726	63,334	21.9%	299,383	9,991	3.5%	
X11	78,444	96,380	17,936	22.9%	93,198	14,754	18.8%	新資源品目収集
X12	80,572	95,214	14,642	18.2%	80,347	-225	-0.3%	新資源品目収集
X13	137,970	156,370	18,400	13.3%	139,269	1,299	0.9%	
X14	957,709	871,550	-86,159	-9.0%	887,608	-70,101	-7.3%	
X15	66,147	65,293	-854	-1.3%	64,377	-1,770	-2.7%	新資源品目収集
X16	216,063	261,261	45,198	20.9%	263,712	47,649	22.1%	収集回数変更、資源常設回収拠点
X17	2,760,488	2,955,217	194,729	7.1%	2,966,923	206,435	7.5%	新資源品目収集
X18	168,008	241,904	73,896	44.0%	218,208	50,200	29.9%	資源分別品目全市統一
X19	250,652	268,556	17,904	7.1%	273,324	22,672	9.0%	
X20	659,050	643,540	-15,510	-2.4%	486,500	-172,550	-26.2%	新資源品目収集
X21	300,474	359,460	58,986	19.6%	326,229	25,755	8.6%	新資源品目収集、粗大ごみ戸別収集
X22	103,554	115,104	11,550	11.2%	116,237	12,683	12.2%	新資源品目収集
X23	22,854	56,138	33,284	145.6%	41,138	18,284	80.0%	新資源品目収集
X24	704,561	754,032	49,471	7.0%	560,085	-144,476	-20.5%	新資源品目収集
X25	433,427	524,536	91,109	21.0%	494,649	61,222	14.1%	新資源品目収集
X26	89,832	77,582	-12,250	-13.6%	75,265	-14,567	-16.2%	
X27	92,244	100,860	8,616	9.3%	135,322	43,078	46.7%	粗大ごみ戸別収集
X28	3,105,309	3,673,094	567,785	18.3%	3,400,143	294,834	9.5%	新資源品目収集、戸別収集に切替
X29	1,477,314	1,692,400	215,086	14.6%	1,687,083	209,769	14.2%	戸別収集に切替
X30	577,706	673,931	96,225	16.7%	790,849	213,143	36.9%	有料化実施後に戸別収集に切替
X31	965,396	1,243,389	277,993	28.8%	1,585,809	620,413	64.3%	新資源品目収集、戸別収集に切替
X32	2,184,565	2,342,391	157,826	7.2%	2,262,208	77,643	3.6%	新資源品目収集、戸別収集に切替
X33	590,772	853,142	262,370	44.4%	969,337	378,565	64.1%	戸別収集に切替

第2章 有料化でごみ処理経費を減らせるか

X34	736,887	1,168,794	431,907	58.6%	1,128,055	391,168	53.1%	戸別収集に切替
X35	416,001	446,820	30,819	7.4%	431,764	15,763	3.8%	新資源品目収集
X36	862,275	790,668	-71,607	-8.3%	787,221	-75,054	-8.7%	新資源品目収集
X37	218,351	211,711	-6,640	-3.0%	197,672	-20,679	-9.5%	資源物（古紙・古布）収集回数増加
X38	1,006,921	1,312,466	305,545	30.3%	1,286,011	279,090	27.7%	新資源品目収集、戸別収集に切替
X39	1,520,873	1,959,274	438,401	28.8%	1,858,596	337,723	22.2%	新資源品目収集、戸別収集に切替
X40	1,071,151	1,380,017	308,866	28.8%	1,398,995	327,844	30.6%	新資源品目収集、戸別収集に切替
X41	2,761,376	3,171,641	410,265	14.9%	3,090,135	328,759	11.9%	新資源品目収集
X42	457,668	493,987	36,319	7.9%	505,721	48,053	10.5%	
X43	106,895	112,614	5,719	5.4%	111,931	5,036	4.7%	資源集団回収の報奨金増額
X44	122,555	126,082	3,527	2.9%	123,494	939	0.8%	新資源品目収集
X45	290,843	305,845	15,002	5.2%	328,041	37,198	12.8%	
X46	128,645	121,245	-7,400	-5.8%	122,896	-5,749	-4.5%	新資源品目収集
X47	107,302	118,065	10,763	10.0%	110,998	3,696	3.4%	
X48	462,444	437,387	-25,057	-5.4%	434,253	-28,191	-6.1%	新資源品目収集
X49	174,181	169,627	-4,554	-2.6%	165,914	-8,267	-4.7%	
X50	11,827,390	11,140,196	-687,194	-5.8%	9,521,761	-2,305,629	-19.5%	新資源品目収集
X51	370,814	375,514	4,700	1.3%	385,708	14,894	4.0%	資源ごみ集団回収報奨金制度開始
X52	562,654	555,831	-6,823	-1.2%	414,453	-148,201	-26.3%	新資源品目収集
X53	369,888	354,765	-15,123	-4.1%	327,789	-42,099	-11.4%	
X54	115,109	113,544	-1,565	-1.4%	107,636	-7,473	-6.5%	新資源品目収集
X55	362,316	305,572	-56,744	-15.7%	305,023	-57,293	-15.8%	新資源品目収集
X56	706,436	695,114	-11,322	-1.6%	719,919	13,483	1.9%	新資源品目収集
X57	438,559	481,089	42,530	9.7%	383,889	-54,670	-12.5%	新資源品目収集
X58	810,097	822,546	12,449	1.5%	785,220	-24,877	-3.1%	
X59	711,289	677,040	-34,249	-4.8%	549,707	-161,582	-22.7%	
X60	177,695	186,308	8,613	4.8%	187,229	9,534	5.4%	（市町合併）
X61	516,264	602,127	85,863	16.6%	640,767	124,503	24.1%	
X62	3,569,424	3,477,672	-91,752	-2.6%	3,355,849	-213,575	-6.0%	新資源品目収集、資源収集回数増加
X63	540,594	445,458	-95,136	-17.6%	349,828	-190,766	-35.3%	粗大ごみ収集も有料化
X64	182,779	176,019	-6,760	-3.7%	173,674	-9,105	-5.0%	
X65	1,368,907	1,550,571	181,664	13.3%	1,730,440	361,533	26.4%	新資源品目収集
X66	552,027	886,171	334,144	60.5%	832,336	280,309	50.8%	（市町合併）
X67	588,454	621,789	33,335	5.7%	925,158	336,704	57.2%	（市町村合併）
X68	69,248	67,745	-1,503	-2.2%	63,424	-5,824	-8.4%	粗大ごみ戸別収集

X69	112,706	95,218	-17,488	-15.5%	99,312	-13,394	-11.9%
X70	8,401,000	8,414,000	13,000	0.2%	8,023,000	-378,000	-4.5%
X71	925,308	805,557	-119,751	-12.9%	735,445	-189,863	-20.5%
X72	814,070	644,219	-169,851	-20.9%	613,147	-200,923	-24.7%	資源物収集回数増加
X73	578,743	531,178	-47,565	-8.2%	555,460	-23,283	-4.0%
X74	43,890	43,890	0	0.0%	44,217	327	0.7%
X75	110,289	110,315	26	0.0%	125,972	15,683	14.2%
X76	1,866,277	2,087,417	221,140	11.8%	1,898,974	32,697	1.8%
X77	1,208,602	1,374,468	165,866	13.7%	1,368,316	159,714	13.2%	ボランティア袋の作成・配布開始

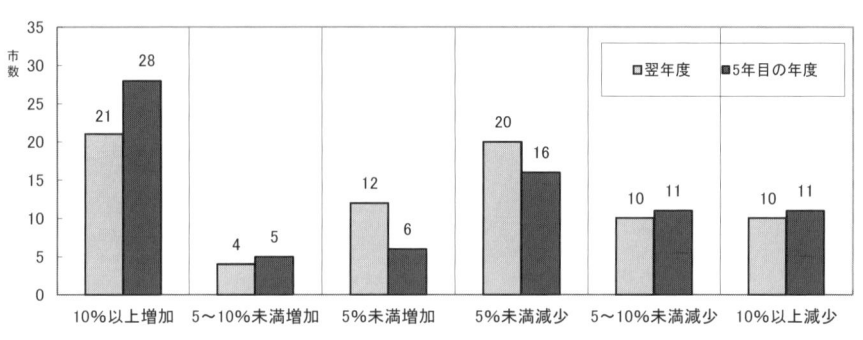

図 2-1　有料化実施前後における市民1人当たりごみ処理経費の変化率

が大部分を占めるから，ごみが減るとそれに比例して経費も減る，というわけにはいかない．

　市民1人当たりのごみ処理費が，5年目の年度に有料化導入前年度比で50%以上増加した市について，経費増の主因をみると，X2市＝焼却・資源化施設整備，X8市・X11市＝メタン発酵・資源化施設整備，可燃ごみ焼却民間委託，X19市＝焼却施設修繕，埋立処分施設改修，X23市＝焼却施設修繕，X26市＝中間処理施設・埋立処分施設改修であった．以上のようにいずれも，有料化によるごみ減量とは直接関係のない施設の整備や改修が，市民1人当たりごみ処理費を増加させていた．

　市民からの行政効率化や情報公開を求める圧力にさらされることが多い大都市について，有料化導入前後における市民1人当たりごみ処理経費の推移を確認し

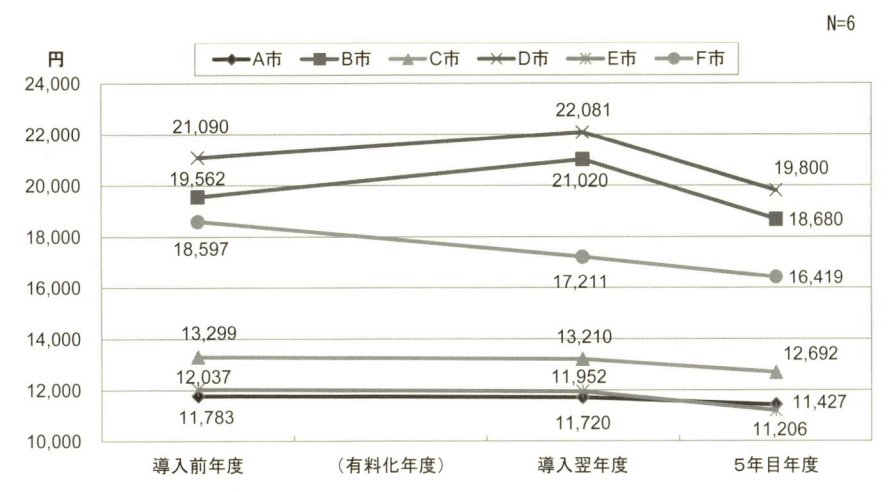

図2-2 人口50万人以上の6市の市民1人当たりごみ処理経費推移

ておこう．**図2-2**は，人口50万人における6市における市民1人当たりごみ処理経費の推移を示す．これをみると，6市すべてにおいて，5年目の年度の市民1人当たりごみ処理経費が，有料化導入前年度のそれを下回っていることが確認できる．一部プラスチック容器包装・ＰＥＴボトル・紙パックの行政収集開始，古紙・古布の収集回数増加，可燃・不燃・有害ごみの戸別収集への切り替えを併用実施したＢ市，プラスチック容器包装の収集を併用実施したＤ市については，市民1人当たりごみ処理経費はさすがに導入翌年度に増加したが，その後5年目の年度に向けて大きく減少に転じている．

(2) **有料化直後の収集運搬費を増加させる併用事業**

ごみの収集運搬部門については，「ごみ量が減れば作業量の減少により比例的に経費が減る」と思われるかもしれない．しかし，実際にはなかなかそうはいかない．**表2-2**から作成した**図2-3**は，ごみ収集運搬費について，有料化導入前年度との比較で翌年度，5年目の年度における増減変化を，該当する市の数（棒グラフ表示）で示したものである．これをみると，ごみ収集運搬費は，有料化の翌年度において増加した市の数が減少した市の数を大きく上回っている．その後，自治体による経費削減の取り組みもあってか，5年目の年度になると，ごみ収集運

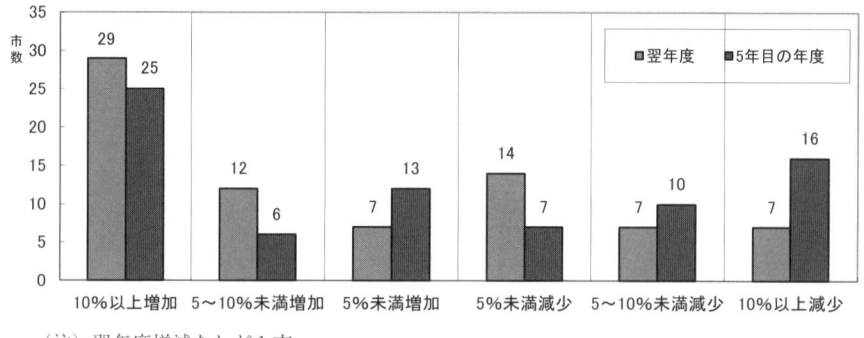

図2-3 有料化実施前後におけるごみ収集運搬費の変化率

（注）翌年度増減なしが1市．

N＝77

（棒グラフ：市数、凡例＝翌年度／5年目の年度）
- 10%以上増加：29／25
- 5～10%未満増加：12／6
- 5%未満増加：7／13
- 5%未満減少：14／7
- 5～10%未満減少：7／10
- 10%以上減少：7／16

搬費が減少した市の方が増加した市より多くなっている．

　有料化を導入してごみ量が減少したにもかかわらず，有料化直後に収集運搬費が増加した最大の理由は，**表2-2**の「収集事業の変更」欄に見られるように，有料化の併用事業として新たなコスト増となる新資源品目の収集などを開始する有料化市が多かったことにあるとみられる．

　今回の調査では，有料化市に対して，「有料化を導入したときに，新たな資源品目の分別収集・資源化，戸別収集への切り替えなど，大きな経費を生じる事業を開始したかどうか」を訊ねたところ，150市からの164件の回答（複数回答あり）のうち「併用事業なし」は46市にとどまり，何らかの併用事業を実施しているとの回答が全体の72％を占めた．併用事業で最も多かった「新たな資源品目の分別収集・資源化の開始」が全体の44％を占め，「戸別収集への切り替え」については8％にとどまった（**図2-4**）．その他の併用事業としては，資源物の収集回数の増加（6件），粗大ごみの有料戸別収集開始（5件），集団資源回収の報奨金引き上げ（3件）などが挙げられていた．

　有料化導入と併用された新分別収集・資源化品目では，プラスチック容器包装と古紙類（紙パックのみ2件を含む）が断然多くて共に24件，次いで缶18件，びん15件，PETボトル13件，トレイ8件，剪定枝7件，古布5件の順であった（1市による複数品目の回答あり）．

　有料化導入後に収集運搬費が変化した市にその変化の主因を訊ねたところ，**図**

なし 46 (28.0%)
新たな資源品目の分別収集・資源化を開始した 72 (43.9%)
その他 33 (20.1%)
収集方法を戸別収集に切り替えた 13 (7.9%)
N=164

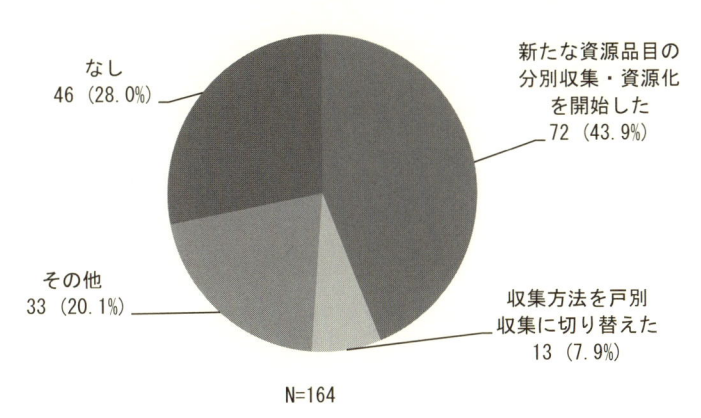

(注) 複数回答あり．

図 2-4　有料化導入時における併用事業

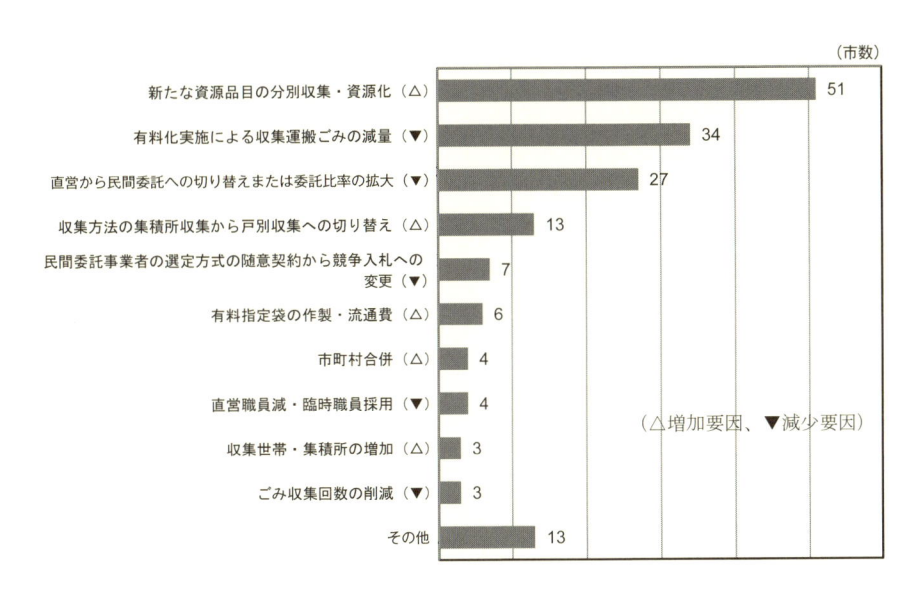

(市数)
- 新たな資源品目の分別収集・資源化 (△)　51
- 有料化実施による収集運搬ごみの減量 (▼)　34
- 直営から民間委託への切り替えまたは委託比率の拡大 (▼)　27
- 収集方法の集積所収集から戸別収集への切り替え (△)　13
- 民間委託事業者の選定方式の随意契約から競争入札への変更 (▼)　7
- 有料指定袋の作製・流通費 (△)　6
- 市町村合併 (△)　4
- 直営職員減・臨時職員採用 (▼)　4
- 収集世帯・集積所の増加 (△)　3
- ごみ収集回数の削減 (▼)　3
- その他　13

(△増加要因、▼減少要因)

(注) 複数回答あり．

図 2-5　収集運搬費変化の主因

2-5のような回答結果が得られた．見やすいように，収集運搬費が増加した市が挙げた増加要因には（△），減少した市が挙げた減少要因には（▼）を付けた．

収集運搬費が増加したと回答のあった市のうち，収集運搬費増加の主因として

「新たな資源品目の分別収集・資源化」を挙げる市が51市と最も多く，次いで「収集方法の集積所収集から戸別収集への切り替え」が13市，「有料指定袋の作成・流通費」が6市であった．この回答結果から，有料化実施と同時またはその直後に実施されることが多い新資源品目の分別収集・資源化が収集運搬費の増加をもたらしたことがわかる．なお，収集運搬費増加の主因（またはその一つ）として収集方法の集積所収集から戸別収集への切り替えを挙げたのは，東京多摩地域と神奈川県の有料化市である．

(3) 収集運搬費の低減をもたらした効率化の取り組み

一方，収集運搬費が減少した市からの回答では，収集運搬費減少の主因として「有料化実施による収集運搬ごみの減量」を挙げる市が34市と最も多く，次いで「直営から民間委託への切り替えまたは委託比率の拡大」が27市，「民間委託事業者の選定方式の随意契約から競争入札への変更」が7市，「直営職員減・臨時職員の採用」が4市，といった順であった．この回答結果から，収集運搬費の減少をもたらした要因として，有料化実施によるごみの減量だけでなく，直営から民間委託への切り替えや委託比率の拡大をはじめ，民間委託先選定での競争導入，直営収集での退職職員不補充・臨時職員採用といった効率化策によっても，収集運搬費の減少がもたらされたことを確認できた．

ちなみに**表2-2**において，5年目の年度に有料化導入前年度比20％程度以上も収集運搬費が減少した市について収集運搬費減少の主因をみると，X20市＝ごみ減量・直営から民間委託への切り替え・競争入札導入，X24市＝直営から民間委託への切り替え，X50市（**図2-2**のD市）＝ごみ減量・民間委託拡大・競争入札導入，X52市＝ごみ減量による車両数削減・退職職員不補充，X59市＝ごみ減量・民間委託拡大，X63市＝ごみ減量・積算根拠見直しによる委託費引き下げ，X71市＝民間委託拡大，X72市＝民間委託拡大，であった．有料化実施とそれによるごみ減量を収集業務の効率化に結び付けることができた市が収集運搬費の削減に成功したことがうかがえる．

2 再資源化費・中間処理費・最終処分費

(1) 有料化導入後に再資源化費も増加傾向

前節では，有料化の併用事業として新たな資源品目の分別収集・資源化が実施されるケースが多く，そのことを主因として有料化導入後に収集運搬費が増加する傾向があることが明らかになった．資源物の収集後は，直営または民間委託で選別・圧縮・保管等の工程にかけるから，再資源化費についても有料化導入後に増加することが予想される．

今回の調査では，再資源化費が変化した有料化市にその変化の主因を訊ねたところ，**図2-6**のような回答結果が得られた．再資源化費が増加した市からの回答では，増加の主因として「新たな資源品目の分別収集・資源化」を挙げる市が33市と回答市全体の約半数を占め，次いで「有料化実施に伴う資源物量の増加」が14市であった．この回答結果から，有料化導入と同時またはその直後に実施されることが多い新資源品目の分別収集・資源化が収集運搬費だけでなく，再資源化費の増加ももたらしたことがわかる．

ここで**表2-3**により，2000年度以降に有料化を導入した市について再資源化費の推移をみておこう．この表では市数がかなり減少したが，その理由は環境省廃棄物会計基準が求めるような部門別費用として再資源化費を算出している自治体がまだ少なく，ごみと資源を合わせて中間処理費としているケースなどが多いこ

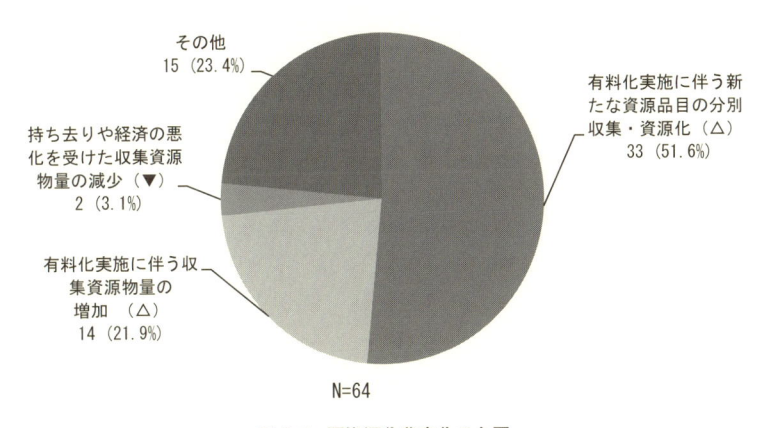

図2-6 再資源化費変化の主因

表 2-3 有料化実施前後における再資源化費の推移

(単位：千円)

市名	導入前年度 経費	導入翌年度 経費	導入翌年度 導入前年度比	導入翌年度 変化率	5年目年度 経費	5年目年度 導入前年度比	5年目年度 変化率	収集・資源化事業の変更
X1	185,725	329,908	144,183	77.6%	418,389	232,664	125.3%	新資源品目分別収集・資源化
X2	89,622	89,720	98	0.1%	209,833	120,211	134.1%	新資源品目分別収集・資源化
X5	205,843	170,322	-35,521	-17.3%	199,484	-6,359	-3.1%	
X6	19,732	32,130	12,398	62.8%	18,008	-1,724	-8.7%	
X7	102,792	99,949	-2,843	-2.8%	94,974	-7,818	-7.6%	危険ごみ分別収集開始
X10	170,722	250,486	79,764	46.7%	232,954	62,232	36.5%	
X15	677	160	-517	-76.4%	208	-469	-69.3%	新資源品目分別収集・資源化
X16	51,624	37,087	-14,537	-28.2%	36,913	-14,711	-28.5%	収集回数変更、資源常設回収拠点
X17	1,237,346	1,302,976	65,630	5.3%	1,241,941	4,595	0.4%	新資源品目分別収集・資源化
X28	1,693,851	2,370,113	676,262	39.9%	2,572,109	878,258	51.8%	新資源品目収集・資源化、戸別に切替
X29	85,640	131,905	46,265	54.0%	86,523	883	1.0%	戸別に切替
X36	196,622	229,096	32,474	16.5%	228,297	31,675	16.1%	新資源品目分別収集・資源化
X39	3,629,956	5,056,545	1,426,589	39.3%	4,658,999	1,029,043	28.3%	新資源品目分別収集・資源化、戸別に切替
X42	386,059	402,385	16,326	4.2%	654,633	268,574	69.6%	生ごみ資源化の拡大
X43	80,857	78,732	-2,125	-2.6%	60,435	-20,422	-25.3%	資源集団回収の報奨金増額
X46	64,653	47,061	-17,592	-27.2%	42,959	-21,694	-33.6%	新資源品目分別収集・資源化
X50	1,234,283	2,285,515	1,051,232	85.2%	2,630,762	1,396,479	113.1%	新資源品目分別収集・資源化
X53	18,434	31,183	12,749	69.2%	30,151	11,717	63.6%	
X60	2,236	6,765	4,529	202.5%	6,936	4,700	210.2%	(市町合併)
X61	1,534,921	1,018,862	-516,059	-33.6%	978,082	-556,839	-36.3%	
X62	729,765	746,997	17,232	2.4%	688,916	-40,849	-5.6%	新資源品目分別収集・資源化
X63	74,435	89,043	14,608	19.6%	99,644	25,209	33.9%	粗大ごみ収集も有料化
X65	155,657	395,321	239,664	154.0%	417,443	261,786	168.2%	新資源品目分別収集・資源化
X66	26,534	128,775	102,241	385.3%	102,388	75,854	285.9%	(市町合併)
X70	923,000	838,000	-85,000	-9.2%	914,000	-9,000	-1.0%	
X71	290,437	302,209	11,772	4.1%	289,020	-1,417	-0.5%	
X72	39,903	21,893	-18,010	-45.1%	5,361	-34,542	-86.6%	資源物収集回数増加
X73	140,000	140,000	0	0.0%	140,000	0	0.0%	
X76	367,727	155,416	-212,311	-57.7%	778,912	411,185	111.8%	
X77	133,692	170,960	37,268	27.9%	200,226	66,534	49.8%	

とによる.

この表から，有料化導入前後における再資源化費は，有料化導入後5年目に増加した市が18市，減少した市が11市，変わらなかった市が1市であることがわかる．有料化導入後に再資源化費が増加した市が全体の半数以上に及んでいるが，その中で新たな資源品目の収集を開始した市は9市であった．

再資源化費が有料化実施後に倍以上増加した市（市町合併によるものを除く）について，その増加の主因をみると，X1市，X2市，X50市，X65市はいずれも容器包装プラスチックの分別収集・資源化を併用事業としたことを挙げている（X2市はその他資源品目も）．X76市については，新資源化施設の整備に伴い再資源化費が増加した．

(2) **有料化導入によるごみ減量は中間処理費の低減をもたらすか**

可燃ごみの焼却，不燃ごみの破砕などにかかる中間処理費については，焼却施設や破砕施設の減価償却費，維持管理費など固定的な経費の比率が高く，有料化導入によるごみ減量を直接，大幅なコスト削減に結び付けることは難しい．有料化によるごみ減量とは直接関係しない施設の修繕・改修，新規施設の整備などの要因で大きく変動する.

しかし，有料化導入によりごみ量が減少すれば，中間処理費全体に占める比率は小さくとも，電力費や薬剤費，燃料費など運転費が節減される効果が期待できる．また，中間処理するごみの減量に伴い，施設整備費の低減がもたらされることもありうる.

今回の調査では，中間処理費が変化した市にその変化の主因を訊ねたところ，**図2-7**のような回答結果が得られた．中間処理費が増加した市からの回答（△）では，中間処理費増加の主因として「老朽化に伴う施設修繕費の増加」（12市）をはじめ，「新焼却施設供用に伴う維持管理費の増加」（5市），「ダイオキシン対策に伴う施設改修費の増加」（3市），「焼却施設整備費の増加」（3市），「焼却灰溶融化に伴う経費増」（2市）など，有料化実施とは関係のないさまざまな要因が挙げられていた.

一方，中間処理費が減少した市からの回答（▼）では，中間処理費減少の主因として「有料化実施による中間処理ごみの減量に伴う運転費の低減」（32市）を

その他（▼）
6（7.0%）

その他（△）
23（26.7%）

有料化実施による中間処理ごみの減量に伴う運転費の低減（▼）
32（37.2%）

新焼却施設供用に伴う維持管理費の増加（△）
5（5.8%）

有料化実施による中間処理ごみの減量に伴う施設整備費の低減（▼）
8（9.3%）

老朽化に伴う施設修繕費の増加（△）
12（14.0%）

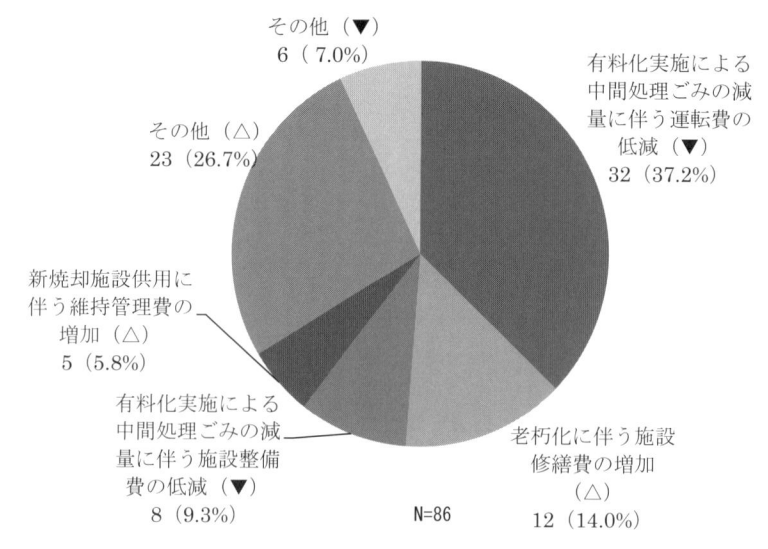

N=86

図2-7　中間処理費変化の主因

挙げる市が多く，「有料化実施による中間処理ごみの減量に伴う施設整備費の低減」（8市）を挙げる市もあった．

ここで**表2-4**により，2000年度以降に有料化を導入した市について中間処理費の推移をみておこう．この表において，有料化導入の前年度（あるいは現在も）直接埋立てしていた市を除く72市について有料化導入前後における中間処理費の推移をみると，有料化導入後5年目に増加した市が40市，減少した市が32市で

表2-4　有料化実施前後における中間処理費の推移

(単位：千円)

市名	導入前年度 経費	導入翌年度 経費	導入前年度比	変化率	5年目年度 経費	導入前年度比	変化率	備考
X1	758,209	1,275,323	517,114	68.2%	1,375,194	616,985	81.4%	
X2	0	0	-	-	928,904	-	-	2006年度まで直接埋立
X3	1,187,576	1,181,378	-6,198	-0.5%	1,127,342	-60,234	-5.1%	
X4	503,738	810,462	306,724	60.9%	1,054,444	550,706	109.3%	
X5	335,304	292,532	-42,772	-12.8%	265,542	-69,762	-20.8%	
X6	0	0	-	-	0	-	-	直接埋立
X7	986,504	1,122,165	135,661	13.8%	1,322,605	336,101	34.1%	
X8	0	84,497	-	-	964,238	-	-	有料化前は直接埋立

第2章　有料化でごみ処理経費を減らせるか　37

X9	37,827	38,164	337	0.9%	49,941	12,114	32.0%	
X10	518,012	530,164	12,152	2.3%	536,945	18,933	3.7%	
X11	0	125,239	-	-	250,931	-	-	再資源化費を含む、有料化前は直接埋立
X12	4,600	45,670	41,070	892.8%	72,709	68,109	1480.6%	有料化前は直接埋立
X13	165,336	191,501	26,165	15.8%	207,507	42,171	25.5%	再資源化費・最終処分費を含む
X14	1,195,721	1,163,508	-32,213	-2.7%	1,277,607	81,886	6.8%	
X15	165,101	157,384	-7,717	-4.7%	154,842	-10,259	-6.2%	
X16	408,244	384,194	-24,050	-5.9%	367,259	-40,985	-10.0%	
X17	7,670,542	7,396,383	-274,159	-3.6%	7,293,748	-376,794	-4.9%	
X18	506,908	551,149	44,241	8.7%	536,199	29,291	5.8%	再資源化費を含む
X19	269,640	374,450	104,810	38.9%	430,837	161,197	59.8%	再資源化費を含む
X20	1,390,990	1,381,590	-9,400	-0.7%	1,456,740	65,750	4.7%	再資源化費・最終処分費を含む
X21	205,760	219,919	14,159	6.9%	239,654	33,894	16.5%	
X22	440,009	425,617	-14,392	-3.3%	481,641	41,632	9.5%	再資源化費を含む
X23	273,080	228,075	-45,005	-16.5%	397,302	124,222	45.5%	再資源化費を含む
X24	1,267,919	1,142,829	-125,090	-9.9%	1,840,598	572,679	45.2%	
X25	549,629	735,589	185,960	33.8%	1,026,899	477,270	86.8%	
X26	427,349	425,705	-1,644	-0.4%	404,595	-22,754	-5.3%	再資源化費・最終処分費を含む
X27	207,305	194,894	-12,411	-6.0%	346,188	138,883	67.0%	再資源化費を含む
X28	4,961,161	4,648,417	-312,744	-6.3%	4,198,455	-762,706	-15.4%	
X29	1,974,079	1,105,568	-868,511	-44.0%	1,334,067	-640,012	-32.4%	
X30	538,378	486,402	-51,976	-9.7%	485,426	-52,952	-9.8%	
X31	1,463,991	1,054,601	-409,390	-28.0%	2,510,388	1,046,397	71.5%	再資源化費を含む
X32	2,804,617	3,113,012	308,395	11.0%	3,270,973	466,356	16.6%	
X33	1,055,382	990,450	-64,932	-6.2%	1,401,706	346,324	32.8%	
X34	849,962	953,283	103,321	12.2%	837,288	-12,674	-1.5%	
X35	627,525	505,495	-122,030	-19.4%	489,502	-138,023	-22.0%	再資源化費・最終処分費を含む
X36	953,708	917,524	-36,184	-3.8%	785,281	-168,427	-17.7%	
X37	898,372	883,275	-15,097	-1.7%	804,240	-94,132	-10.5%	再資源化費を含む
X38	1,101,500	1,094,427	-7,073	-0.6%	1,010,569	-90,931	-8.3%	
X39	2,109,083	3,097,271	988,188	46.9%	2,800,403	691,320	32.8%	
X40	1,427,064	1,321,266	-105,798	-7.4%	1,454,931	27,867	2.0%	再資源化費を含む
X41	7,214,109	6,854,210	-359,899	-5.0%	6,542,244	-671,865	-9.3%	再資源化費を含む
X42	330,526	335,082	4,556	1.4%	403,427	72,901	22.1%	
X43	151,991	125,467	-26,524	-17.5%	131,827	-20,164	-13.3%	
X44	63,811	103,767	39,956	62.6%	51,861	-11,950	-18.7%	

X45	599,040	480,474	-118,566	-19.8%	490,536	-108,504	-18.1%	
X46	195,421	192,484	-2,937	-1.5%	206,095	10,674	5.5%	
X47	478,726	449,363	-29,363	-6.1%	470,270	-8,456	-1.8%	再資源化費を含む
X48	511,037	545,475	34,438	6.7%	571,931	60,894	11.9%	翌年・5年目は再資源化費を含む
X49	77,788	81,259	3,471	4.5%	79,554	1,766	2.3%	再資源化費を含む
X50	13,096,646	14,300,195	1,203,549	9.2%	12,679,267	-417,379	-3.2%	
X51	387,945	483,079	95,134	24.5%	586,113	198,168	51.1%	再資源化費を含む
X52	634,637	657,701	23,064	3.6%	666,076	31,439	5.0%	再資源化費を含む
X53	288,219	264,472	-23,747	-8.2%	310,081	21,862	7.6%	
X54	497,910	500,126	2,216	0.4%	548,759	50,849	10.2%	再資源化費を含む
X55	555,275	553,240	-2,035	-0.4%	508,825	-46,450	-8.4%	再資源化費を含む
X56	793,209	823,540	30,331	3.8%	1,306,615	513,406	64.7%	再資源化費・最終処分費を含む
X57	371,152	359,069	-12,083	-3.3%	847,505	476,353	128.3%	
X58	1,101,390	1,119,893	18,503	1.7%	806,631	-294,759	-26.8%	再資源化費を含む
X59	1,458,952	1,509,668	50,716	3.5%	1,436,298	-22,654	-1.6%	再資源化費・最終処分費を含む
X60	230,022	179,403	-50,619	-22.0%	171,705	-58,317	-25.4%	最終処分費を含む
X61	743,907	819,778	75,871	10.2%	672,480	-71,427	-9.6%	
X62	3,839,341	3,930,557	91,216	2.4%	3,610,877	-228,464	-6.0%	
X63	86,956	317,955	230,999	265.7%	292,911	205,955	236.8%	
X64	362,968	375,043	12,075	3.3%	372,111	9,143	2.5%	再資源化費を含む
X65	505,750	897,613	391,863	77.5%	1,330,248	824,498	163.0%	
X66	1,476,117	937,312	-538,805	-36.5%	1,079,344	-396,773	-26.9%	
X67	1,690,058	1,801,036	110,978	6.6%	1,773,961	83,903	5.0%	再資源化費を含む
X68	3,813	2,340	-1,473	-38.6%	2,443	-1,370	-35.9%	
X69	128,575	162,582	34,007	26.4%	150,752	22,177	17.2%	
X70	13,299,000	12,117,000	-1,182,000	-8.9%	12,650,000	-649,000	-4.9%	
X71	984,522	1,305,778	321,256	32.6%	1,147,279	162,757	16.5%	
X72	1,751,952	1,649,900	-102,052	-5.8%	1,921,771	169,819	9.7%	
X73	289,969	284,455	-5,514	-1.9%	285,531	-4,438	-1.5%	
X74	212,561	160,919	-51,642	-24.3%	151,092	-61,469	-28.9%	
X75	285,553	222,711	-62,842	-22.0%	225,411	-60,142	-21.1%	再資源化費を含む
X76	683,817	622,964	-60,853	-8.9%	1,058,465	374,648	54.8%	
X77	1,667,733	1,014,010	-653,723	-39.2%	1,822,674	154,941	9.3%	

あった.

中間処理費が有料化実施後に大きく増加した市（市町合併によるものを除く）について，中間処理費増加の主因をみると，X1市＝焼却施設のダイオキシン対策工事，X4市・X57市・X71市＝新焼却施設整備，X19市・X51市＝焼却施設老朽化に伴う補修，X25市・X63市＝組合分担金の増加，X31市＝非常時の広域処理による委託経費，X65市＝灰溶融炉稼働，であった.

(3) **有料化導入は最終処分場を持たない市に処分費の低減をもたらす**

今回の調査で，最終処分費が変化した市にその変化の主因を訊ねたところ，図2-8のような回答結果が得られた．最終処分費が増加した市からの回答（△）では，最終処分費増加の主因として「埋立処分場の整備」（7市），「埋立処分場の修繕」（5市），「組合負担金の増加」（多摩地域5市）など，有料化実施とは関係しないさまざまな要因が挙げられていた．

一方，最終処分費が減少した市からの回答（▼）では，最終処分費減少の主因として「有料化による最終処分ごみの減量に伴う市・組合処分場への運搬費や運営費の低減」（26市）や「有料化による最終処分ごみの減量に伴う処分委託費の

その他（▼） 18（19.4%）
その他（△） 12（12.9%）
組合負担金の増加（△） 5（5.4%）
埋立処分場の修繕（△） 5（5.4%）
埋立処分場の整備（△） 7（7.5%）
有料化による最終処分ごみの減量に伴う市・組合処分場への運搬費や運営費の低減（▼） 26（28.0%）
有料化による最終処分ごみの減量に伴う処分委託費の低減（▼） 20（21.5%）
N=93

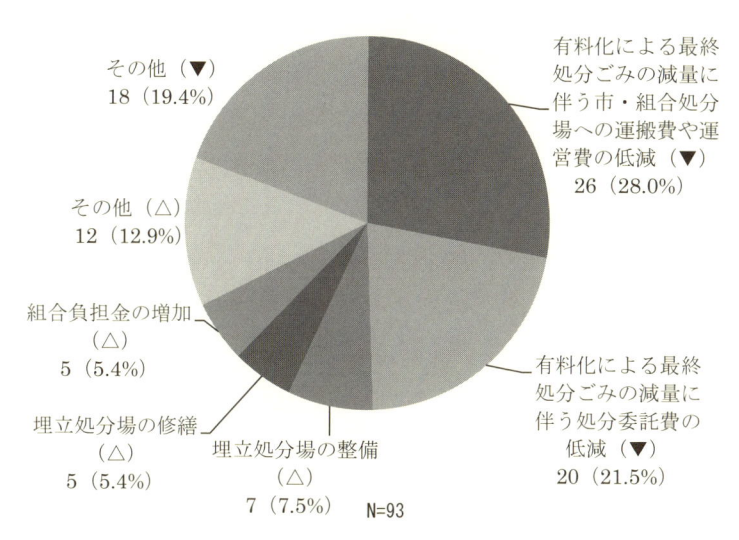

図2-8　最終処分費変化の主因

低減」(20市) を挙げる市が多かった．

ここで**表2-5**により，2000年度以降に有料化を導入した市について最終処分費の推移をみておこう．すべての欄に記入のある68市の有料化導入前後における最終処分費の推移を見ると，有料化導入後5年目に増加した市が30市，減少した市が38市であった．

最終処分費が有料化実施後に大きく増加した市（市町合併によるものを除く）

表2-5 有料化実施前後における最終処分費の推移

(単位：千円)

市名	導入前年度 経費	導入翌年度 経費	導入前年度比	変化率	5年目年度 経費	導入前年度比	変化率
X1	497,283	637,810	140,527	28.3%	342,268	-155,015	-31.2%
X2	483,956	474,290	-9,666	-2.0%	418,783	-65,173	-13.5%
X3	1,047,621	1,079,154	31,533	3.0%	989,717	-57,904	-5.5%
X4	155,580	419,353	263,773	169.5%	388,601	233,021	149.8%
X5	42,151	37,209	-4,942	-11.7%	31,659	-10,492	-24.9%
X6	49,509	84,604	35,095	70.9%	122,580	73,071	147.6%
X7	50,542	142,175	91,633	181.3%	157,374	106,832	211.4%
X8	14,926	10,374	-4,552	-30.5%	8,871	-6,055	-40.6%
X9	16,968	17,687	719	4.2%	18,874	1,906	11.2%
X10	244,723	321,251	76,528	31.3%	241,999	-2,724	-1.1%
X11	111,478	58,184	-53,294	-47.8%	48,499	-62,979	-56.5%
X12	281,802	46,927	-234,875	-83.3%	86,912	-194,890	-69.2%
X14	70,611	72,764	2,153	3.0%	95,667	25,056	35.5%
X15	11,754	12,602	848	7.2%	9,357	-2,397	-20.4%
X16	28,114	32,070	3,956	14.1%	25,537	-2,577	-9.2%
X17	453,774	458,358	4,584	1.0%	449,121	-4,653	-1.0%
X18	41,172	48,878	7,706	18.7%	43,509	2,337	5.7%
X19	12,204	66,426	54,222	444.3%	85,046	72,842	596.9%
X21	159,778	95,769	-64,009	-40.1%	33,267	-126,511	-79.2%
X22	96,078	6,633	-89,445	-93.1%	6,843	-89,235	-92.9%
X23	37,239	22,169	-15,070	-40.5%	24,950	-12,289	-33.0%
X24	47,059	37,453	-9,606	-20.4%	36,044	-11,015	-23.4%
X25	143,535	34,880	-108,655	-75.7%	31,460	-112,075	-78.1%
X27	8,694	16,829	8,135	93.6%	37,686	28,992	333.5%
X28	727,032	775,399	48,367	6.7%	302,108	-424,924	-58.4%
X29	417,301	336,691	-80,610	-19.3%	398,223	-19,078	-4.6%
X30	364,881	432,071	67,190	18.4%	488,486	123,605	33.9%
X31	466,026	380,639	-85,387	-18.3%	390,732	-75,294	-16.2%
X32	1,096,234	1,204,570	108,336	9.9%	1,235,362	139,128	12.7%

第2章　有料化でごみ処理経費を減らせるか

X33	300,328	344,184	43,856	14.6%	314,279	13,951	4.6%
X34	413,553	489,416	75,863	18.3%	449,281	35,728	8.6%
X36	359,092	403,064	43,972	12.2%	396,552	37,460	10.4%
X37	78,879	95,071	16,192	20.5%	100,202	21,323	27.0%
X38	611,029	666,716	55,687	9.1%	620,713	9,684	1.6%
X39	825,712	903,984	78,272	9.5%	328,475	-497,237	-60.2%
X40	334,270	175,766	-158,504	-47.4%	78,244	-256,026	-76.6%
X41	710,381	587,081	-123,300	-17.4%	560,542	-149,839	-21.1%
X42	409,841	223,043	-186,798	-45.6%	198,884	-210,957	-51.5%
X43	62,009	60,222	-1,787	-2.9%	58,511	-3,498	-5.6%
X44	3,672	52,249	48,577	1322.9%	8,580	4,908	133.7%
X45	26,027	27,794	1,767	6.8%	35,599	9,572	36.8%
X46	47,634	45,626	-2,008	-4.2%	43,130	-4,504	-9.5%
X47	89,208	94,305	5,097	5.7%	85,417	-3,791	-4.2%
X48	-	153,073	-	-	99,860	-	-
X49	60,042	47,699	-12,343	-20.6%	31,944	-28,098	-46.8%
X50	4,944,884	4,702,585	-242,299	-4.9%	4,353,616	-591,268	-12.0%
X51	42,014	31,014	-11,000	-26.2%	39,940	-2,074	-4.9%
X52	55,583	53,660	-1,923	-3.5%	39,447	-16,136	-29.0%
X53	24,670	22,916	-1,754	-7.1%	21,840	-2,830	-11.5%
X54	17,810	13,350	-4,460	-25.0%	19,736	1,926	10.8%
X55	26,569	31,568	4,999	18.8%	34,477	7,908	29.8%
X57	107,543	78,459	-29,084	-27.0%	43,768	-63,775	-59.3%
X58	636,968	595,485	-41,483	-6.5%	501,026	-135,942	-21.3%
X61	71,302	96,181	24,879	34.9%	82,474	11,172	15.7%
X62	238,071	208,612	-29,459	-12.4%	194,379	-43,692	-18.4%
X63	16,263	15,141	-1,122	-6.9%	14,419	-1,844	-11.3%
X64	10,354	8,069	-2,285	-22.1%	10,234	-120	-1.2%
X65	89,487	96,383	6,896	7.7%	116,709	27,222	30.4%
X66	103,180	133,763	30,583	29.6%	110,890	7,710	7.5%
X67	112,752	230,642	117,890	104.6%	259,198	146,446	129.9%
X68	9,167	9,589	422	4.6%	24,357	15,190	165.7%
X69	4,959	14,717	9,758	196.8%	10,583	5,624	113.4%
X70	3,248,000	2,988,000	-260,000	-8.0%	2,447,000	-801,000	-24.7%
X71	17,917	18,090	173	1.0%	18,559	642	3.6%
X72	492,055	515,664	23,609	4.8%	551,281	59,226	12.0%
X73	35,006	42,500	7,494	21.4%	50,216	15,210	43.4%
X74	-	-	-	-	73,529	-	-
X75	7,235	6,930	-305	-4.2%	7,482	247	3.4%
X76	186,997	184,004	-2,993	-1.6%	353,807	166,810	89.2%
X77	230,665	128,761	-101,904	-44.2%	46,646	-184,019	-79.8%

について，最終処分費増加の主因をみると，X6市・X44市＝新処分場の整備，X19市＝旧処分場閉鎖工事，水処理場改修，X68市＝処分施設改修など，すべて有料化実施とは関係のないものであった．一方，最終処分費が大幅に減少した市についても，X12市＝有料化導入前年度での処分場建設費計上，X21市＝セメント原料化など資源化，X25市＝広域ガス化溶融処理への移行，X40市＝全量処分委託から一部自区内処分・費用区分の見直しなど，有料化導入によるごみ減量とは関係のない要因が挙げられていた．

そうした中で，最終処分場を持たず，市外に処分委託するX42市，X46市，X52市については，有料化によるごみ減量をストレートに反映して，5年目の年度に最終処分費がそれぞれ52％，10％，29％節減されている（X21市，X25市も最終処分場を持たないが，最終処分費削減の主因については前出）．

(4) **有料化によるごみ減量に伴う老朽施設更新経費の節減**

近年，有料化実施によるごみ減量に伴い，老朽焼却施設や最終処分場の更新不要化や更新施設の規模縮小等が可能となり，さもなければ必要とされた経費を大幅に節減できた，あるいはそう見込まれる事例が出現している．

そこで，このような経費節減の事例がある市に対して，ごみ減量により設備更新経費の節減が可能になった事情について訊ねた．回答は35市から寄せられ，その結果については**図2-9**にまとめた．

設備更新経費の節減が可能となった事情として，「最終処分場の延命化により長期に使用できる」（7市），「老朽焼却施設の更新が不要となった」（5市），「最終処分場の延命化により増設が不要になった」（5市），「老朽焼却施設の更新施設の規模を縮小できた」（3市），「最終処分場の延命化により増設施設の規模を縮小できた」（3市），「老朽焼却施設の更新施設の規模を縮小できる予定」（2市），「老朽焼却施設の更新を不要とする予定」（1市）などが挙げられている．

実際に節減できた，あるいはそう見込まれる経費の概算額については12市から回答が寄せられ，都市規模のばらつきもあって小は1億円未満から大は400億円までの広がりを見せていた．その中で人口規模50万人以上の3市において，有料化によるごみ減量を受けた焼却施設の集約（いずれも4工場→3工場体制への見直し）により，200～400億円の経費節減が見込まれている．複数工場処理体制

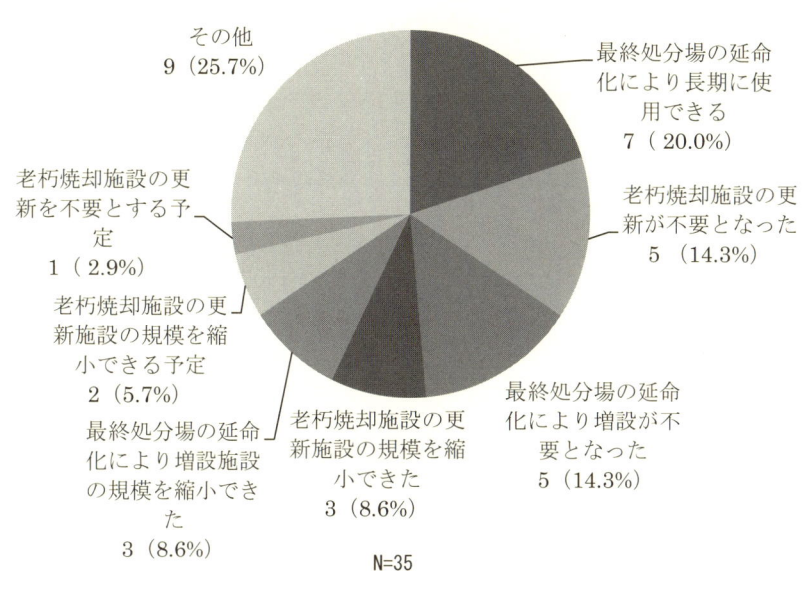

図 2-9 有料化によるごみ減量に伴う老朽施設更新経費の節減

 円グラフ内訳：
- その他 9（25.7%）
- 最終処分場の延命化により長期に使用できる 7（20.0%）
- 老朽焼却施設の更新が不要となった 5（14.3%）
- 最終処分場の延命化により増設が不要となった 5（14.3%）
- 老朽焼却施設の更新施設の規模を縮小できた 3（8.6%）
- 最終処分場の延命化により増設施設の規模を縮小できた 3（8.6%）
- 老朽焼却施設の更新施設の規模を縮小できる予定 2（5.7%）
- 老朽焼却施設の更新を不要とする予定 1（2.9%）

N=35

のもとで老朽焼却施設を抱える大都市において，有料化が大きな経費節減効果を持ちうることを示唆するものとして注目される．

3 総合収支と経費節減の工夫，収集運営形態の選択

(1) 有料化実施の総合収支

有料化を実施すると，ごみ減量による経費削減が期待でき，手数料収入が歳入として見込めるものの，指定袋の作製・流通費など，制度の運用に一定の費用がかかる．また，有料化を導入するさい，ごみ減量の受け皿整備策としての新たな資源品目の分別・資源化など併用事業を実施することが多いが，併用事業を実施するとごみ減量・資源化を促進するなどの効果が得られる反面，運用経費の増加がもたらされる．

有料化を導入した都市は，有料化実施に伴う「総合収支」をどう捉えているのだろうか．有料化市に対して，総合収支の構成要素として次の3要素を提示し，それらの要素を合算したトータルの収支について，有料化実施から5年目の年度

（5年を経過していないときは2010年度）を基準として，回答してもらった．

【構成要素】
①ごみ減量を通じた経費減
②手数料収益（手数料収入－手数料制度運用費用）による歳入増
③併用事業による経費増

117市からのトータルの収支［（①＋②）対③］についての回答結果は，**図2-10**のようであった．

（①＋②）＞③，つまり減量による経費減と手数料収益による歳入増の合計が併用事業等による経費増を上回る市が全体の63％にあたる74市であった．

（①＋②）＝③，つまり減量による経費減と手数料収益による歳入増の合計が併用事業等による経費増とほぼ釣り合う市が全体の11％にあたる13市であった．

（①＋②）＜③，つまり減量による経費減と手数料収益による歳入増の合計が併用事業等による経費増を下回る市が全体の26％にあたる30市であった．

有料化実施の総合収支については，回答市全体の4分の3にあたる市がプラスまたはトントンと評価しており，マイナスとする市は4分の1にとどまった．総合収支マイナスと回答した30市について併用事業の実施状況を見ると23市が実施しており，その中でプラスチック製容器包装またはPETボトルの分別収集・資源化を開始した市が16市に及び，戸別収集を導入した市も3市あった．このこと

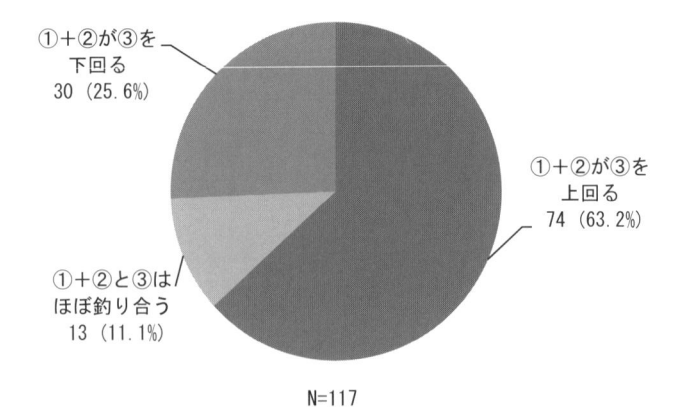

図2-10　有料化実施の総合収支

から，併用事業による経費増が総合収支マイナスの主因となったことがうかがえる．

(2) 有料化導入時の経費削減の工夫

有料化市に対して，有料化の導入にあたって経費削減の工夫をした場合には，その内容について具体的に記述してもらった．回答は19市から寄せられた．主な取り組み内容は次のようであった．

【収集方式の統一】
　集積所収集と戸別収集が市内に混在していたが，有料化導入を機に，ごみ収集の効率化や地域間格差是正の観点から，市内全域集積所収集に統一した（名張市，米子市）．

【収集頻度の見直し】
　収集回数を可燃ごみ週3回→週2回，不燃ごみ週2回→週1回，資源物月2回→隔週に削減した（日野市）．不燃ごみの収集頻度の変更を行い，収集経費を削減した（旭川市）．

【事業所ごみの収集廃止】
　事業所から排出されるごみについて，市による収集を取りやめた（米子市，日置市）．

【競争入札の導入】
　旧町においては，一般競争入札による資源物収集の民間委託を実施した（壱岐市）．競争入札により委託費を削減した（東金市）．競争入札により指定ごみ袋作製費・配送費を削減した（笠岡市）．

【金属ごみ等の分別収集・売却】
　金属，廃食油を資源ごみとして収集開始し，売払金による歳入の確保と不燃ごみの削減を図った（西東京市）．

【町村合併による指定袋の統一】
　合併時にごみの指定袋を統一したことにより，事務コストの削減効果があった（南房総市，日置市）．

【指定袋種の簡素化】
　運用経費節減のため，指定収集袋を可燃ごみ・不燃ごみ兼用とし，おむつ専

用袋を作製せずにレジ袋等の使用を認めた（三鷹市）．指定ごみ袋の種類を少なくすることで作製費を削減した（笠岡市）．

【収集量に応じた契約への見直し】

収集運搬業務委託はごみ・資源の収集量に応じての契約とし，有料化前後で8,000万円の経費を削減した（多摩市）．ごみ収集量の減少に伴う収集車両数の見直しにより収集経費を削減した（旭川市）．

【民間委託への切り替え】

直営収集から民間委託への切り替え，委託比率の拡大を推進した（町田市，名張市）．

以上のように，有料化市は，有料化導入とほぼ同時に，指定袋の作製方法，収集資源品目，収集頻度，収集業務の委託方法などを見直すことにより，経費削減に取り組んでいる．

(3) ごみ処理効率化の要請

有料化を実施した自治体は，地方自治法により，ごみ処理の効率化に取り組み，減量効果をごみ処理経費の削減に結び付けることが求められている．地方自治法は，自治体がその事務を処理するにあたって準拠すべき基本原則として，住民福祉の原則，法令適合の原則とともに，効率性の原則を規定している．自治体は「最少の経費で最大の効果を挙げるようにしなければならない」（2条14項）のであり，またそのために「常にその組織及び運営の合理化に努める」（同15項）ことが求められている．

行政効率化を達成する狙いのもと，地方自治法の改正により，1999年度から都道府県，政令市と中核市には公認会計士等による包括外部監査の制度が義務づけられ，その他の自治体も条例で定めることでこの制度が導入できるようになった．これまでに包括外部監査人によって作成された各市の包括外部監査報告書には，ごみ処理事業や業務委託を監査対象とするものも多く，かなり厳しい業務改善・効率化の指摘がされてきた．

こうした行政効率化の要請は，自治体財政の悪化が進行する状況のもとでさらに強まっている．多くの自治体の財政は，地方税収が落ち込む中で，扶助費，公債費，人件費など義務的な経費の増加・高止まりに直面している．福祉や教育な

「第4回全国都市家庭ごみ有料化アンケート調査」

（2012年2～3月実施）
有効回答190市

札幌市，函館市，小樽市，旭川市，室蘭市，釧路市，帯広市，北見市，
稚内市，美唄市，江別市，赤平市，三笠市，根室市，千歳市，砂川市，
深川市，恵庭市，伊達市，北広島市，八戸市，黒石市，北上市，仙台市，
能代市，横手市，由利本荘市，潟上市，新庄市，上山市，長井市，日立市，
北茨城市，ひたちなか市，足利市，矢板市，秩父市，蓮田市，幸手市，
銚子市，館山市，木更津市，君津市，袖ヶ浦市，東金市，南房総市，
八王子市，武蔵野市，三鷹市，青梅市，昭島市，調布市，町田市，小金井市，
日野市，東村山市，福生市，多摩市，稲城市，西東京市，藤沢市，大和市，
新潟市，長岡市，柏崎市，新発田市，村上市，上越市，南魚沼市，魚津市，
氷見市，黒部市，輪島市，加賀市，羽咋市，富士吉田市，南アルプス市，
長野市，上田市，飯田市，須坂市，小諸市，駒ヶ根市，塩尻市，東御市，
安曇野市，高山市，多治見市，瑞浪市，恵那市，美濃加茂市，可児市，
下呂市，梅津市，御前崎市，菊川市，伊豆の国市，碧南市，東海市，
知立市，日進市，愛西市，弥富市，桑名市，名張市，伊賀市，草津市，
甲賀市，野洲市，米原市，京都市，舞鶴市，綾部市，亀岡市，池田市，
貝塚市，泉南市，大阪狭山市，阪南市，西脇市，篠山市，丹波市，淡路市，
大和高田市，橿原市，桜井市，田辺市，鳥取市，米子市，倉吉市，松江市，
岡山市，笠岡市，井原市，総社市，新見市，瀬戸内市，真庭市，三原市，
府中市，下関市，山口市，防府市，岩国市，柳井市，美祢市，吉野川市，
美馬市，丸亀市，坂出市，東かがわ市，三豊市，西条市，大洲市，西予市，
香美市，福岡市，大牟田市，久留米市，直方市，飯塚市，筑後市，行橋市，
中間市，宗像市，太宰府市，福津市，佐賀市，多久市，佐世保市，
諫早市，壱岐市，雲仙市，熊本市，荒尾市，菊池市，宇土市，宇城市，
佐伯市，竹田市，豊後高田市，宇佐市，宮崎市，串間市，伊佐市，日置市，
那覇市，名護市，糸満市，沖縄市

どの行政サービスを維持するためにも，歳出面では経費全般について徹底した節減合理化が必要とされている．自治体が策定する行財政改革プランにおいて，ごみ処理分野についても，ごみの「減量化」を通じた「効率化」の取り組みが求められるのは当然の成り行きである．

　有料化の導入によりごみ減量の効果をあげた自治体においても，地方自治法の基本原則である業務効率化の取り組みは，収集運搬，中間処理，再資源化，最終処分の各部門において実践され，その成果や課題について市民に情報公開される必要がある．

(4) 収集事業運営形態見直しの趨勢

　前回までの考察から，ごみが減っても必ずしもごみ処理各部門の経費が減らない状況が明らかとなった．ごみ減量の効果が最も出やすいはずの収集運搬部門でも，新資源品目の分別収集などの併用事業により経費増をもたらすことが確認された．しかし，特段の併用事業が導入されないケースにおいても，ごみ減量は直ちに経費削減に結びつくとは限らない．直営のもとで，ごみ減量に応じた収集態勢の見直しが行われないとか，民間委託による場合でも，競争によらない随意契約のもとで，ごみ量ではなく世帯数や集積所数を積算基礎とした委託料設定がなされれば，経費削減は期待できない．経費削減は，ごみ減量が効率化に結び付くような制度的枠組みがあって初めて可能となる．

　本章第1節では，収集運搬費を削減した市からその主因として，「有料化実施による収集運搬ごみの減量」の他に，効率化方策として「直営から民間委託への切り替えまたは委託比率の拡大」，「民間委託事業者の選定方式の随意契約から競争入札への変更」などが挙げられていた．収集運搬事業の効率化に取り組んで経費削減の成果をあげた事例を考察するのに先立って，有力な効率化方策と考えられる民間委託化について，基礎的な事項を整理しておきたい．

　まず，著者の今回調査をもとに，**図2-11**により回答市における家庭系可燃ごみ収集運搬事業の運営形態を確認しておこう．回答190市のうち，「すべてまたはほぼすべて民間委託」が全体の73％にあたる139市に及び，「一部民間委託」が全体の19％にあたる36市，「すべてまたはほぼすべて直営」については7％にあたる14市にとどまった[1]．一部民間委託については，委託比率50％以上が23市に及ん

その他
1（0.5％）

すべてまたはほぼ
すべて直営
14（7.4％）

一部民間委託
36（18.9％）

すべてまたはほぼ
すべて民間委託
139（73.2％）

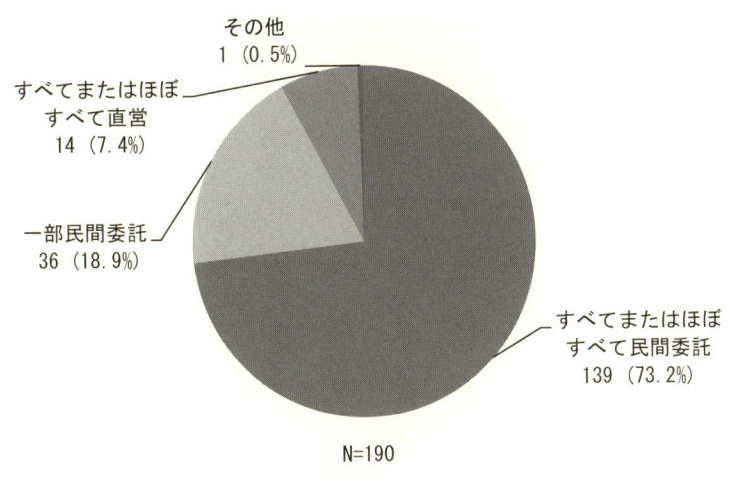

N=190

図2-11　可燃ごみ収集運搬事業の運営形態（回答市）

でいた．したがって，委託比率50％以上をもって民間委託にカウントすれば，直営収集市と民間委託収集市の比率はおよそ14％対86％となり，圧倒的に民間委託優位である．財政状況の厳しい中小自治体から民間委託が開始されたこともあって，都市規模別には，比較的規模の大きな都市で直営が維持される傾向がみられる．

筆者の調査では可燃ごみ収集の運営形態を取り上げたが，資源や不燃ごみ，粗大ごみの収集についても，大部分の自治体が民間委託を行っている．また，直営収集から民間委託収集への移行が経年で進展してきたことは，環境省の「一般廃棄物処理実態調査結果」から家庭系可燃ごみ収集運搬の運営形態の推移を抜き出して作成した**表2-6**によって確認できる．全国自治体のうち可燃ごみ収集を委託する団体の比率は，1998年度の68％から，2010年度には78％へと上昇している．

表2-6　家庭系可燃ごみ収集運搬事業の運営形態推移

（単位：団体数）

年　度	1998	2000	2002	2004	2006	2008	2010
直営	1,102	1,015	915	681	478	428	411
委託	2,320	2,424	2,422	1,989	1,454	1,444	1,427
委託の比率	67.8％	70.5％	72.6％	74.5％	75.3％	77.1％	77.6％

（注）許可業者による収集を除く．
（出所）環境省「一般廃棄物処理実態調査結果」各年度版．

自治体財政が切迫する状況のもと，民間委託への切り替えや委託比率の拡大は今後も続くものとみられる．

(5) 直営・委託両運営形態の得失見極めが重要

　直営収集が民間委託収集と比べ割高となるのは，①給与水準（同業同年齢ベース）の官民格差，②作業員年齢の官高民低，③1車両当たりの作業員数の違い，といった理由による．①と②から，直営職員の給与額が民間収集業者作業員のそれをかなり上回ることはよく知られている．また，③については直営の場合多くが安全性確保や交通流阻害防止のため運転専任1人，収集作業員2人の1車3人体制をとるのに対し，民間では運転兼収集1人，収集作業員1人の1車2人体制が普通である．そのため，直営は民間に比べて作業員1人当たりの収集量が少なくなる．

　こうした事情を反映して，直営と委託を併用するある中核市（関東）の場合，1t当たりの収集費は直営の約3.7万円に対し，委託でその半分の約1.8万円となっている．別の中核市（関西）では，1t当たりの収集費は直営で2.8万円，委託で約1.7万円と報告されている[2]．

　収集運搬事業の効率化を図るため，全国各地で多数の自治体が民間委託への移行・拡大を推進してきた．現在では，人口規模の大きな政令市，中核市においても，収集業務をすべて直営で実施しているところは希で，一部の区域またはごみ品目を民間に委託していることが多い．地域の特性を勘案した効率化策として，人や車両の通行量が多く，集積所が密集する市中心部については安全で機動的な作業を行える1車3人体制の直営とし，周辺部を直営のまま1車2人体制としたり，民間委託するなどの工夫も散見される．

　効率化の手段として直営から委託への移行，委託の拡大を検討するにあたっては，地域の事情に沿って両運営形態の得失を慎重に見極める必要がある．その上で，ある程度の規模の都市においては，一定比率の直営を将来にわたり維持し，官民で切磋琢磨の競争を働かせて効率向上を図り，併せて直営ならではのメリットを活かすことも合理的な選択肢の1つと考える．**表2-7**は，筆者による両形態に関する評価表であるが，大方の自治体担当部局の見方に近いのではなかろうか．紙面の制約からこの表の解説は省略するとして，直営◎の災害対応について

表 2-7　収集事業運営形態の評価

評価基準	直営	委託
効率性（経費）	×	◎
サービス品質	○	×
安全性への配慮	○	×
技術の蓄積	○	×
事業の安定性	○	×
排出指導・支援	○	×
災害への対応	◎	×

（評価）◎：特に優位、○：優位、×：劣位

の見聞を最後に紹介したい．

2012年秋に仙台市で開催された廃棄物資源循環学会のシンポジウムにおいて，仙台市副市長は「当市が災害ごみの処理を迅速に行えたのは，民間処理業者が多くいたこと，庁内に専門職員が多くいたことによる」と述べた．その翌日，市の災害廃棄物対策室を訪ね，次のような話を聞いて得心した．

「仙台市は東日本大震災で被災し，全国各地の自治体から災害ごみ撤去作業のための支援部隊の派遣を受け入れた．その際，民間委託を積極的に推進してきた中で，集積所や排出状況に精通した現業職員がまだ環境事業所に残っていたことが幸いした[3]．彼らが先導して，支援車両を円滑に市内各所に案内することができた．民間の委託業者の場合，通常のごみ収集で手一杯で車両に余裕がなく，機動力に欠けるから，もし現業職員がいなかったなら，大変な困難に直面したはずである．」

他の政令指定都市に先駆けて，収集運搬業務の民間委託化に取り組んできた仙台市の体験談だけに重みがある．今回の災害ごみ対応の教訓は，自治体ごみ行政に対し，業務効率化と緊急時対応との調整をどうするか，という大きな課題を投げかけたといえる．

注
1）「その他」（1市）は，市が全額出資する公益財団法人への全量委託である．
2）両市の包括外部監査報告書に基づく．
3）『仙台市環境局事業概要』によると，2011年5月時点で技能職員は5カ所の環境事業所に計71人配置されていた．

第3章 収集効率化の取り組み

　本章では，民間委託事業者の選定に競争入札方式を導入して，収集運搬経費を大幅に削減した仙台市と足利市の取り組み事例を検討する．競争入札は収集運搬業務の効率化に有効な方式であるが，実施にあたっては，対象区域を徐々に拡大して激変を緩和し，入札資格や業務委託仕様書の設計を入念に行うなど，住民サービスや安全確保に支障をきたさないよう，細心の注意が必要とされる．

1　収集効率化に先鞭を付けた仙台市の取り組み

(1)　民間委託推進に至る経緯

　収集運搬業務の民間委託は，財政難に直面した自治体が行財政改革の一環として実施することが多い．政令指定市の中で，他市に先駆けて委託化を推進した仙台市もその例外ではない．市税収入が前年度を下回る状況に直面した市は，1995年10月に行政改革大綱（1996～98年度）を策定し，交通事業やごみ収集運搬事業を対象に，簡素で効率的な行政運営システムの確立を図ることとした．大綱の次の段階では，より厳しい行財政改革の方針が打ち出されると予想されたことから，環境局内労使は1997年7月，「清掃事業のあり方検討委員会」を設置し，環境事業所業務の課題，当面のあり方，家庭ごみ収集業務の委託化の必要性，将来業務のあり方などについて検討に入った．13回に及ぶ会議を経て，翌年2月に「民間委託を受け入れ，将来の直営業務の充実・強化を図りながら，地域に密着した質の高い行政サービスの提供をめざすことが重要」とする提言をまとめた．

　1998年5月には「新行財政改革推進計画」が策定され，先の提言を受けて，旧仙台市内の家庭ごみの収集運搬を段階的に委託することがその中に盛り込まれた．当時，市の収集運営形態は，旧仙台市内＝直営，旧泉市域と旧宮城町・秋保町域＝各委託であったが，両地域の収集経費に大きな差があることが議会でも指

摘されていた．

その翌月，労使交渉の結果，①家庭ごみ収集業務を，1999年度から2005年度までの7年間で段階的に委託すること，②各区に環境事業所を設置し，ごみ減量・リサイクルの指導的業務を拡充強化することなどの合意が確認された．これにより，1999年度当初からの民間委託が決定した．

(2) 委託化の手法と経費削減効果

表3-1に示すように，市は市域を10の地区に区分けし，合併前から委託で収集してきた旧市町の2地区に加え，1999年から毎年度，委託地区数を増やした．それに伴い，家庭ごみの直営収集職員の数は，委託開始前年度の271人から年々減少を続け，全地区委託が完了した2005年にはゼロとなった[1]．

各地区を担当する収集業者の選定にあたっては，初年度のみ「制限付き一般競争入札」を実施し，翌年度からは業務の安定性確保の観点から随意契約とした．入札参加資格については，後述のように一定の制限を設けた．

委託化により家庭ごみの収集運搬費は，委託開始前年度の約31億円から約11億円へと7年間でほぼ3分の1に削減されている．同じ期間に，家庭ごみのt当たり収集単価は約1.2万円から約0.5万円へと6割近く減少した．

図3-1に示すように，仙台市の家庭系ごみ（資源物を含む）のt当たり収集単

表3-1 仙台市の民間委託と家庭ごみ収集運搬費の推移

(単位：千円)

年　度	1998	1999	2000	2001	2002	2003	2004	2005
家庭ごみ収集量	248,866 t	245,898 t	251,297 t	254,301 t	221,709 t	224,246 t	220,303 t	222,865 t
委託地区数（累積）	既往2地区	4地区	5地区	6地区	7地区	8地区	9地区	全10地区
家庭ごみ直営収集職員	271人	205人	162人	129人	99人	65人	38人	0人
家庭ごみ収集委託費	－	686,966	788,096	855,590	803,764	833,309	894,552	946,319
家庭ごみ収集運搬費[注]	3,056,860	2,742,624	2,510,251	2,294,903	1,917,248	1,515,230	1,423,314	1,119,690
t当たり収集単価（円）	12,283	11,154	9,989	9,024	8,648	6,757	6,461	5,024
（参考）家庭・粗大・臨時等ごみ収集運搬費	3,382,451	3,124,223	3,027,857	2,715,186	2,316,420	1,917,167	1,825,468	1,427,039

注）1．ここでの「家庭ごみ」は，可燃ごみと不燃ごみの混合収集ごみを指す．
　　2．1998年度の家庭ごみ収集運搬費は，「家庭ごみ」（可・不燃混合ごみ）のみの収集運搬費が未算出のため，現存している資料から推計．
　　3．2001年度までは家庭ごみ週3回収集，2002年度から家庭ごみ週2回・プラスチック容器包装週1回収集の収集運搬費．

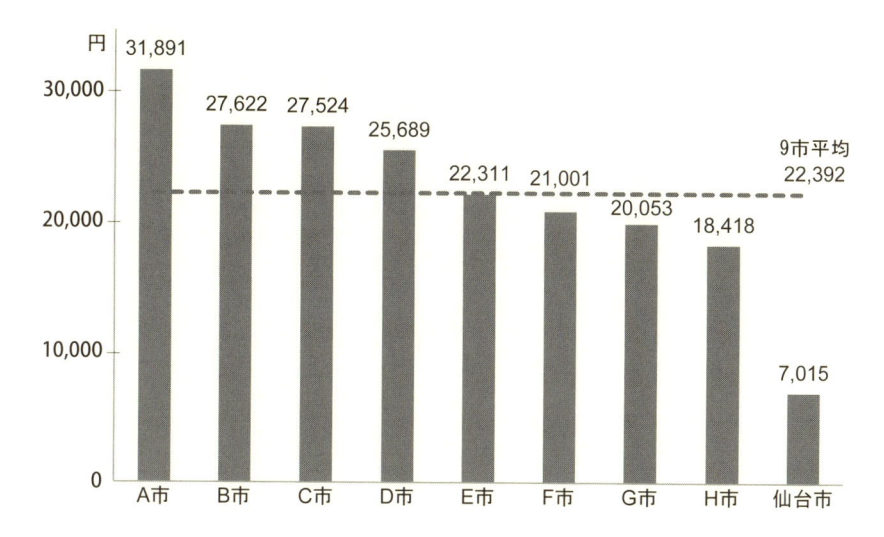

注）1．効率性だけでなく，収集区分の違いなども単価差に反映されることに注意．
　　2．各市の 2009 年度または 2010 年度実績．
（出所）大阪市調査資料より作成．

図 3-1　主要政令指定市の t 当たり収集単価

（棒グラフの値）
- A市：31,891
- B市：27,622
- C市：27,524
- D市：25,689
- E市：22,311
- F市：21,001
- G市：20,053
- H市：18,418
- 仙台市：7,015
- 9市平均：22,392

価は現在およそ0.7万円で，都市間で分別収集区分に違いがあるなど単純な比較はできないが，主要9政令指定市平均の約2.2万円と比べると3分の1程度と，格段に低い水準にある．

(3) 効率化の鍵となる業者選定方式

こうした「仙台マジック」といいたくなるほどに劇的な収集経費削減効果は，民間委託への段階的移行だけではなく，移行時に各地区で潜在的な入札参加者が多数存在し，入札者間競争が十分に可能な市場環境のもとで，「制限付き一般競争入札」による業者選定・契約が導入されたことによってもたらされた．

自治体の契約方法は，競争入札と随意契約に大別される．前者には，入札によって競争させる者を多数とする一般競争入札と，安定的な業務遂行などに関する資格要件を満たす少数の者を指名して競争させる指名競争入札がある．これに対して随意契約は，自治体が任意に相手を選んで契約を結ぶもので，技術，経験，信用，資力など相手の能力を熟知のうえ選定できるメリットがあるものの，効率性

や透明性，機会均等の確保などに問題がある．そこで，地方自治法234条，同施行令は，自治体の契約で随意契約によることのできる範囲を厳格に定め，原則として一般競争入札によること，と定めている．

一方，廃棄物処理法施行令は，自治体がごみの収集・運搬・処分を民間委託する場合の基準として，「受託者が受託業務を遂行するに足りる施設，人員及び財政的基礎を有し，かつ受託しようとする業務に関し相当の経験を有する者であること」（4条1号），「委託料が受託業務を遂行するに足りる額であること」（同5号）を要すると規定している．

効率性や機会均等の観点から，一般競争入札の原則をとる地方自治法234条と，ごみ処理業務の安定性や継続性を重視する廃棄物処理法施行令の考え方は異なる．だが，裁判所の判例では，ごみ処理委託業務の法的性格について，自治体の固有事務を私人に義務づける点で，公法上の契約と位置づけられており，委託契約の方法を一般競争入札，指名競争入札，随意契約のいずれとするかは自治体の裁量に委ねられている，との判断が示されている（札幌高裁，1979年）．

このような解釈に基づいて，全国で多数の自治体が，安定的な業務遂行や地元業者の育成への配慮などから，特定の業者との随意契約を採用している．自治体関係者に随意契約の見直しによる効率化について問い質すと，きまって廃棄物処理法施行令の規定があたかも「錦の御旗」のように持ち出される．しかし，自治体がその事務を処理するにあたって準拠すべき「最少の経費で最大の効果を挙げる」との地方自治法上の基本原則，そして同法の定める契約の原則が一般競争入札であることに鑑みると，安易に随意契約とすることは望ましくない．安定的な業務の遂行が可能と見込まれる潜在的な入札参加者が多数いるような都市であれば，一般競争入札でも，「制限付き一般競争入札」として，入札参加資格要件や業務委託仕様書を的確に設計すれば，安定性を重視する廃棄物処理法施行令の要件を満たし，なおかつ地方自治法の効率性原則に適う契約とすることが可能である．

仙台市が地区別に委託化を推進した時の「制限付き一般競争入札」では，10項目に及ぶ入札参加資格要件が設けられたが，その一部に次のものがあげられていた．

①廃棄物の収集運搬について許可を受けている者または市町村から委託を受け

ている者であること
②仙台市内に事業場を有し，1年以上一般廃棄物の収集または運搬業務を行っている者であること
③収集運搬車両を15台以上保有し，そのうち5台以上が圧縮して積載する構造であること
④収集または運搬に従事する常勤従業員を30人以上雇用していること

こうした制限的な資格要件を付することで，廃棄物処理法施行令4条1号が求める施設・能力・経験を担保し，併せて調査基準価格を設けてダンピングの弊害を回避することで[2]，安定的かつ確実な業務遂行を期した．

(4) 重要な役割を担い続ける技能職員

委託化推進には，直営部門の縮小が不可避であるから，従来から収集業務に従事してきた技能職員の処遇が気になる．だが仙台市においては，委託化が進展し，退職者不補充のために人数が年々減る中でも，技能職員が担う役割の重要性が低下することはなかった．技能職員の本領は，とりわけ家庭ごみ有料化導入時の市民説明や不法投棄・不適正排出対策，東日本大震災への対応で発揮された．

委託化が完了した2005年，一般廃棄物処理基本計画の中間見直しが行われ，「リデュース，リユース及びリサイクルを推進するため，市が支出するごみ処理費用の負担のあり方を本市の実状を踏まえ，家庭ごみの有料化も視野に入れつつ様々な角度から検討していく」ことが盛り込まれた．これを受けて，翌年度から審議会で有料化について具体的な検討が行われ，有料化を肯定する答申が市長に提出された．条例の改正を経て，家庭ごみ有料化は2008年10月から実施された．

有料化の実施に先立って，市は2月から9月にかけて「丁寧できめ細かな市民説明」を目的とした説明会を，市内各所で本格的に展開した．説明対象人数については，当初10万人を目標としたが，途中で達成したので目標を20万人に引き上げ，最終的に20万8000人の実績をあげた．学校などでの説明会参加者を含むとはいえ，これだけの数の市民に直接メッセージを伝達できた都市はほかにない．こうした説明会において，管理職が有料化の目的・理由・施策などについて説明し，技能職員が具体的なごみの出し方について実物を示して説明するという役割分担がなされた．

大学生や単身赴任者，外国人が多い仙台市では，有料化実施に伴ってルール違反のごみ出し対策が重要な課題となる．不適正排出対策として，市は次のような取り組みを実施したが，各環境事業所に配属された技能職員はその中心となって活動した．

① 市内約1万7400か所の全ごみ集積所を対象に排出実態調査を実施し，その結果を踏まえ，排出ルールが守られていない集積所を中心に，立会指導，集積所利用者宅への啓発チラシ配布，巡回指導などを行った．

② 排出状況の改善が見られない場合においては，排出者の特定，直接指導にあたった．

③ ごみ集積所の設置を義務づけている集合住宅の戸数基準を10戸から4戸に引き下げ，戸数の少ない集合住宅への呼びかけや指導を強化した．

④ ごみ減量・リサイクルの推進や環境美化などの課題に地域で取り組むリーダーを育成するために委嘱しているクリーン推進員の数を増やすとともに，その活動支援，情報提供を強化した．

有料化導入当初の2週間は午前7時から8時半まで，市職員がのべ5000人体制ですべての集積所を巡回して排出ルールの遵守を直接呼びかけたが，技能職員は特に排出状況が悪い地区の集積所に張り付いて指導にあたった．

仙台市有料化で注目される取り組みは，有料化実施の直前に不法投棄物の一掃を徹底したことである．河川敷や山間部，人通りの少ない緑地や海岸，車通りの少ない道路敷など，10か所以上の不法投棄多発地域において，技能職員の主導により，関係機関や周辺町内会などと連携して地域ぐるみでクリーンアップ清掃活動を展開した（**写真3-1**）．不法投棄物撤去の障害となるのは，きまって民有地所有者による撤去費用負担への消極的対応である．そう

写真3-1 仙台市の山間部清掃

した民有地については，定期巡視や警告看板設置などの合意を得た場合には，例外的措置として，市が不法投棄物の撤去を行うこととした．有料化を目前にして，「行政離れした」といってよい，臨機応変な不法投棄防止対策がとられたのである．

現在も，各環境事業所の技能職員は，ごみ集積所の巡回パトロールを行い，必要に応じて早朝パトロールを実施するなど，不適正排出の防止にあたっている．また，集積所以外でも，不法投棄対策の巡回パトロールを実施している．

(5) 現場に精通した職員の確保が課題

収集効率化で大きな成果があがったが，それに伴ってサービスの低下がもたらされなかったか，が気になるところである．市の担当者の話では，住民からの苦情が目立って増えることはなかったようである．入札の仕様書に収集後の集積所の清潔保持などの要件を盛り込んだこと，7年かけて毎年度1地区ずつ漸進的に委託化を進めたことなどが，サービス品質の低下に歯止めをかけたとみられる．

市の担当者は今回の震災ごみ対応で，「現場に精通した職員確保の必要性を再認識した」と話しており，退職者不補充で技能職員が減少し続ける中で，現場業務に通暁したマンパワーをどう確保していくのかが問われている．

2 収集委託競争入札の光と影——足利市の経験から

栃木県足利市は，日本最古の総合大学といわれる足利学校，太平記の足利家置文で知られる鑁阿寺など多くの文化遺産を擁する人口約15万6000人の都市である．地理的には，県の西端に位置し，西・南面を桐生市，太田市，館林市など群馬県の自治体に囲まれ，市の中心部を渡良瀬川が貫流している．その足利市では，家庭ごみ有料化を導入して2年後に実質無料化といえる大幅な手数引き下げを実施，併せて収集業務について委託競争入札の導入，直営収集の廃止を断行した．その経験は，競争入札の光と影を浮き彫りにするものであった．

(1) 家庭ごみ有料化の実施

有料化実施以前，足利市のごみ指標は芳しいものではなかった．2007年度において，1人1日当たりごみ総排出量は栃木県平均値1028gに対して1254gで県内

最多，リサイクル率も県平均値18.5％に対して13.8％と県内市町村で2番目の低率であった．

　そうした状況のもと，市の第5次行政改革大綱実施計画に，2007年度の新規追加項目として「ごみ袋指定制」が盛り込まれた．そこでは「基本的な考え方」として，「ごみ袋指定制を導入することにより，ごみと資源を分別する意識付けにつなげるなど，ごみの減量化を図る」ことが示されていた．

　こうした方針を受けて担当部局は，指定袋制の対象となるごみ品目などの検討に着手し，「ごみ袋指定制導入計画（案）」を作成した．この案をたたき台として廃棄物減量等推進審議会で審議し，承認を得た．その後，議会で計画を説明し，9月議会で条例改正にこぎつけた．これを受けて，10月から翌年2月にかけて各種団体や自治会単位での説明会を232回実施，1万836人が参加した．このような過程を経て，2008年4月に家庭系可燃ごみの有料化が導入された．

　手数料は1L（リットル）＝1.5円と，県内市町村で最も高い水準に設定された．県内では矢板市，鹿沼市，さくら市が1L＝1円であったが，「負担感を感じることで減量を意識してほしい」との趣旨で，あえて県内平均よりも高くしたという．その設定方式はコストベースで，45L大袋1枚のごみ処理原価270円の25％を市有施設使用料負担率として45L＝60円とし，比例して中袋20L＝30円，小袋10L＝15円とした．

　有料化の導入に併せた減量の受け皿整備策として，紙パックの分別収集開始，集団資源回収補助金の2円／kg上乗せを実施した．生ごみ処理機購入補助制度のPR強化も行った．事業系ごみ対策として，排出量が多い事業所を収集運搬許可業者の協力を得て特定し，20事業所を選んで訪問指導した．また，各自治会の協力を得て，ごみ集積所での不適正排出や不法投棄を監視・連絡するクリーンリーダーの増員も行っている．市民への情報公開にも積極的に取り組み，有料化導入後のごみ減量やごみ処理費のデータをホームページや広報紙に掲載するようになった．

　足利市の有料化導入においては，当初の「ごみ袋指定制導入計画（案）」に必ずしもとらわれず，住民説明会での市民意見にかなり柔軟に対応したことが注目される．住民からの要望を受けて，有料化実施前後に分けてお試し袋20枚の全戸配布が行われた．配布は，ごみ分別表の一部に無料引換券を印刷し，市民がそれ

表3-2 足利市の家庭系ごみ量の推移

(単位：t)

年　度	2007	2008 (有料化)	2009	2010	2011
人　口（人）	161,063	160,092	159,173	157,722	156,588
可燃・不燃・有害・粗大（A）	43,100	34,858	35,364	35,383	35,610
資源（集団回収含む）（B）	8,865	9,294	9,089	8,649	8589
家庭ごみ排出量（A＋B）	51,965	44,152	44,453	44,032	44,199
1人1日当たり可・不・有・粗ごみ量（g）	733	597 (-18.6%)	609 (-16.9%)	615 (-16.1%)	623 (-15.0%)
1人1日当たり家庭ごみ排出量（g）	884	756 (-14.5%)	765 (-13.5%)	765 (-13.5%)	773 (-12.6%)
（参考）事業系ごみ（C）	21,779	21,076	19,473	18,648	19,223

(注)（A）の不燃は，実際には「不燃＋資源物A」として，分別区分されている．資源物Aに区分されるのは空き缶や金属類で，市の資源化施設で不燃ごみと一緒に選別される．

を切り取って取扱店で3容量種の中から任意の容量の指定袋と引き換える方法がとられた．

また，当初の計画では行わないとしていた紙おむつ減免についても，市民からの要望を受けて，有料化開始と同時に乳幼児用，寝たきり高齢者用の無料券を配布している．当初有料とされた木の葉も，有料化の3か月後には市民の要望で無料化されている．

表3-2に示すように，有料化実施により，実施前年度比で実施翌年度には，1人1日当たりの可燃・不燃・有害・粗大ごみが733gから609gへ17%，同じく家庭ごみ排出量（資源含む）が884gから765gへ14%，それぞれ減量している．リサイクル率も13.8%から16.2%に上昇した．かなり大きな成果が得られたといってよい．

(2) 手数料の大幅引き下げへ

有料化導入の翌春，市長選挙が実施され，ごみ手数料無料化を選挙公約の1つに掲げた候補者が当選した．新市長[3]は2009年4月に就任すると，直ちに選挙公約に掲げたごみ手数料引き下げに取り組んだ．手数料の改定には条例改正が必要であることから，暫定的な手数料引き下げ措置として前年度のお試し袋配布と同様に，市内全戸に指定袋を40枚無料配布することとした．2年連続で無料配布があったことになる．

表 3-3 足利市の可燃ごみ袋新旧価格比較

容量	2008-9 年度	2010 年度以降
10 リットル	15 円	7 円
20 リットル	30 円	10 円
45 リットル	60 円	15 円

　2009年12月議会で条例改正の議案が可決され，2010年4月から可燃ごみ45L袋1枚の価格が60円から4分の1の15円に引き下げられた．20L袋なら30円→10円，10L袋では15円→7円である（表3-3）．この水準では，手数料収入から指定袋作製・流通費を差し引いた手数料収益はほぼゼロで，実質的には単純指定袋制と同様といってよい．

　このように大幅に手数料が引き下げられると，ごみ量がまた元に戻ることが懸念される．ところが実際には，リバウンドは小さなものにとどまっている．有料化実施により，市民の間にごみ減量意識が定着したことによるものとみられる．

(3) 競争入札の導入

　足利市では，1970年代初頭からごみ収集業務の民間委託が開始され，逐次対象区域が拡大されてきた．2009年春の新市長の就任直後に指示が出され，その年の秋にごみ収集業務について市域を南部，西部，東部，中北部の4地区に区割り（図3-2）し，それぞれの地区を異なる業者に競争入札で委託することが決まった．ただし，中北部に含まれる旧市内の可燃ごみについては直営収集を残すこととされた．

　これまで足利市のごみ収集業務は，直営部門が担当した旧市内以外の地域を市内の3業者が随意契約で受託してきた．一般に随契では，賃金水準・燃料費・車両購入費などの動向を参考にして，自治体が独自に諸経費を積算して予定価格を設定し，業者の提示価格がこの予定価格以下となった場合に，契約が締結される．ただ，予定価格の積算にあたっては，「委託料が受託業務を遂行するに足りる額であること」とする廃棄物処理法施行令4条5号の規定のもと，委・受託者間にコスト情報の非対称性が存在し，委託料が高いと指摘されることもあった．

　2010年1月，市は区割りされた4地区について，条件付き一般競争入札により収集業務委託を行う旨の公告をした．業務委託期間は2010年7月から2015年3月

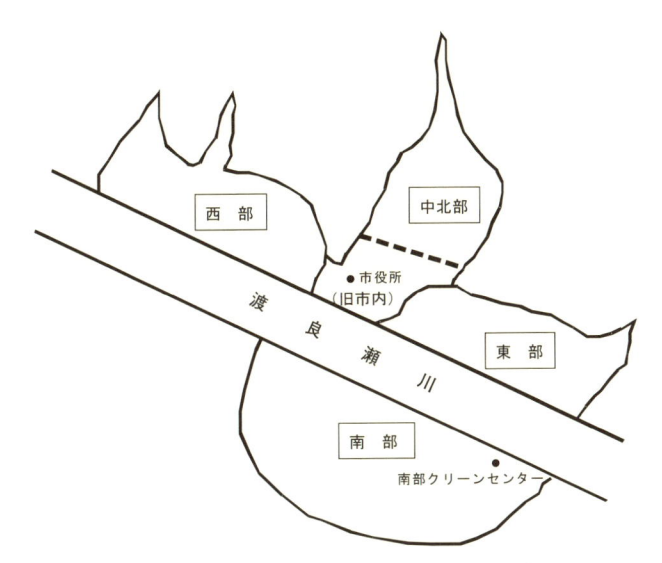

図3-2 足利市ごみ収集委託地区割りイメージ

までの4年9か月間である．

　入札参加資格要件として示された11項目の中には，次の項目が含まれていた．

　①法人にあっては市内に本店または営業所などがある者（個人は省略）
　②廃棄物処理法施行令に規定する委託基準に適合すること[4]
　③市の一般廃棄物収集運搬許可業者であること
　④2007年度から2009年12月までにおいて事業系一般廃棄物の南部クリーンセンターへの搬入実績があること
　⑤塵芥車を2台以上保有している者

　資格要件の中には，比較的規模の大きな都市や大都市圏の都市が要件に盛り込むことが多い「市町村から収集業務の受託をした経験」が見あたらない．おそらく市当局は，地域の市場条件に照らして，この要件を付けると入札参加者が少数に限定され，競争が働きにくくなる，と判断したものと思われる．収集車両の保有台数を少なくしたのも，入札の門戸を広げるためとみられる．

　各地区についての予定価格は，1年分のごみ収集委託料として総価で示された．最低制限価格が設定されたが，入札終了まで非公開とされた．予定価格の制限の範囲内の価格で，最低制限価格以上の価格をもって札を入れた者のうち，最

表 3-4　競争入札導入前後の各地区業務受託者

地区	随意契約	競争入札契約
南部	既存 A 社	新規 X 社
西部	既存 A 社	既存 A 社
東部	既存 B 社	新規 Y 社
中北部	既存 C 社	新規 Z 社

(注) 競争入札契約は 2010 年 7 月からの委託契約.

表 3-5　各地区業務の予定価格と落札価格

地区	予定価格 (A)	落札価格 (B)	減価率 (B/A)
南部	134,278,000 円	107,153,000 円	−20.2%
西部	113,512,000 円	87,403,000 円	−23.0%
東部	83,300,000 円	60,809,000 円	−27.0%
中北部	67,157,000 円	48,352,000 円	−28.0%

(注) 価格は消費税抜き.

も低い価格を付けた者が落札者となる.

　入札には，これまで市から随意契約で収集業務を受託してきた3社のほかに，隣接する自治体などに本拠を置く許可業者6社が加わり，計9社が参加した．入札は同日に同じ会場で，南部，西部，東部，中北部の地区順に実施され，1地区落札した業者は直ちに退場し，会場に残った業者で次の地区の入札を行った．その結果，随意契約下と競争入札契約下で，各地区の受託業者の顔ぶれは**表3-4**のように変化した．

　これまで収集業務を受託してきた市内業者3社のうち，落札できたのはA社のみで，他の2社は業務受託を外れることとなった．他の3地区はそれぞれ，新たな市内業者のほか，群馬県の近隣都市を本拠とする2業者が受託した．

　各地区収集業務の予定価格は，随契時代と比べるとかなり厳しい諸経費見積もりの上で積算された．競争入札の結果，落札価格はその予定価格をさらに20～28％下回っている（**表3-5**）．その減価率は，地区別入札の回を重ねるにつれて大きくなっており，競争の熾烈さがうかがえる．

　市の年間収集運搬委託費は，随意契約時の約5億円（**表3-6**）から，**表3-5**の年間委託料の合計約3.2億円（消費税込み）となり，差し引き約1.8億円が節減された．t当たりの収集単価は33％低減している．

表 3-6 足利市のごみ収集委託費の推移

年度		2007	2008(有料化)	2009	2010(競争入札①)	2011(競争入札②)
可燃ごみ	収集量①	40,692 t	32,827 t	33,215 t	33,390 t	33,664 t
	収集運搬費(A)	267,595 千円	267,420 千円	252,295 千円	—	—
	t 当たり収集単価	6,576 円	8,146 円	7,596 円	—	—
資源物A 不燃ごみ	収集量②	2,243 t	1,885 t	1,992 t	1,861 t	1,809 t
	収集運搬費(B)	118,749 千円	118,045 千円	118,203 千円	—	—
	t 当たり収集単価	52,942 円	62,623 円	59,339 円	—	—
資源物B 有害ごみ	収集量③	4,493 t	4,817 t	4,817 t	4,481 t	4,536 t
	収集運搬費(C)	125,826 千円	125,176 千円	131,047 千円	—	—
	t 当たり収集単価	28,005 円	25,986 円	27,205 円	—	—
収集したごみの総量 (①+②+③)		47,428 t	39,529 t	40,024 t	39,732 t	40,009 t
委託料合計 (A)+(B)+(C)		512,171 千円	510,641 千円	501,545 千円	343,716 千円	337,015 千円
t 当たり収集単価		10,799 円	12,918 円	12,531 円	8,651 円	8,423 円

(注) 1. 直営の収集量と収集運搬費は含まない数字である.
 2. 資源物 A は金属類,資源物 B は古紙・布・びん・PET.
 3. 競争入札は,ごみの種類ごとに実施していないため,内訳不明.
 4. 競争入札①は直営部分を除く4地区収集,競争入札②は旧市内可燃ごみ収集の各競争入札を実施.
 5. 2010年度の委託料合計は,4〜6月の随契を含む.

(4) 直営収集の廃止

 翌2011年7月からは,直営業務として残されてきた旧市内の可燃ごみ収集業務も競争入札により委託化された.4地区の受託会社を含む6社が入札に参加し,群馬県の都市に本拠を置く新規の業者が落札した.競争入札委託化による経費節減額は,初年度で約2200万円であった.

 直営の収集業務は,これまで15人の技能職員(嘱託を含む)により,1車2人乗車体制で実施されてきた.旧市内のみ直営収集を残してきたのは,史跡や文化施設が集中する観光地であり,午前中の早い時間での丁寧な作業が必要とされたためである.

 委託化に伴い,技能職員の数は,クリーンセンターや土木作業事務所,浄水場,斎場などへの配置換えにより,わずか5名に減少した.また6台あった収集車両も,2台を売却して4台に減少した.この縮小した体制で,花火大会や清掃活動

に伴うごみを収集し，また災害への備えとしている．

(5) 競争入札の課題

　足利市の競争入札導入は，収集経費の大幅削減という大きな成果をあげた．しかし，その反面で，地元業者の業務縮小，移行期における収集サービスの品質低下という代償も伴っていた．

　競争入札導入で，それまで随意契約のもとで安定的に収集業務を受託してきた3社の経営は大きな影響を受けた．事業規模が比較的大きく，業容の多様化を進めていた1社は受託事業が2地区から1地区に減った．落札できなかった2社は，従業員の一部を新たに受託した収集業者へ移籍させている．

　競争入札で新たに落札した業者は，収集作業員が足利市の地理に暗かったことや，収集ルートの組み立てを一部変更したこともあり，取りこぼしの発生，収集時間のずれなどの苦情が行政に寄せられた．担当部局が指導にあたり，業者が収集業務を円滑にこなせるようになるまでに多少時間を要したが，今ではほとんど苦情が寄せられることがなくなったという．

　こうした経験を踏まえて，翌年度実施された旧市内地区可燃ごみ収集委託の仕様書では，「研修」の項目で，「委託業務開始前の準備期間中に集積所の位置，収集ルートや収集時間の確認を必ず行い，従前の収集時間を可能な限り遵守すること」（要約）を求めている．新たな仕様書は，市が業者をきめ細かく監督しやすいように工夫が凝らされている．試行錯誤の段階を経て，市当局も多くのことを学び，それを新たな仕様書の設計に活かしたのである．

　足利市においても，委託化を推進した他都市と同様，収集業務を監督する職員の現場管理能力の向上を図るとともに，退職者不補充のもとで現場を熟知した職員をどう確保していくかが課題となっている．

注
1) 委託化に伴い，退職者不補充，事務職への転職，清掃工場への異動，区役所や学校用務員など他局への異動などにより収集に携わる職員を削減し，他方で環境事業所において指導業務に従事する職員を増員した．
2) 調査基準価格を下回る入札があった場合，当の入札の積算内容を契約内容に適合した履行がなされないおそれがあるか否かの観点から確認し，そのおそれがないと判断した場合に契約することになる．調査基準価格を下回ったケースも実際にあったという．

3）この市長は 4 年後，2013 年 4 月の市長選挙で落選している．
4）施行令の委託基準の中で最も重要な規定は第 4 条 1 号「受託業務を遂行するに足りる施設，人員及び財政的基礎を有し，かつ受託業務に相当の経験を有するものであること」．

第4章 収集業務改善への取り組み

　本章では，収集運搬業務の改善に向けて，業務委託における競争入札の限界を克服するための方式，委託料算式の見直しによる効率化，直営力活用の必要性について提案を行う．また，収集業務改善の取り組み事例として，民間委託拡大と競争入札の導入により経費削減を図りつつ，それに併行して，市民の目線で直営・委託両業務の点検・評価を行うことにより，収集業務改善の実を挙げようとする京都市の試みを取り上げる．

1　収集業務の改善に向けて

(1)　総合評価方式の導入可能性

　地方自治法234条が自治体の委託契約について一般競争入札を原則とするものの，判例では，ごみの収集・処分の委託については，自治体がその本来の行政事務を私人に委託する行為であるから「公法上の契約」にあたるとし，同条が適用されないとの判断が示されている．このことから，法的には委託契約の方法は自治体の裁量に委ねられている，と解釈されている．

　また，廃棄物処理法施行令は，自治体がごみの収集・処分を民間委託する場合の基準として，「受託者が受託業務を遂行するに足りる施設，人員及び財政的基礎を有し，かつ受託しようとする業務に関し相当の経験を有する者であること」（4条1号）と定めている．この規定に基づいて，多くの自治体が収集業務の委託方法として，良質で安定的な業務遂行が期待できる特定の地元業者との随意契約を採用している．

　競争入札は効率的な契約方法であり，自治体財政が厳しさを増す状況下において，今後採用するケースの増加は避けられない．その場合，周辺地域における優良な業者の参入可能性を十分に見極めた上で，入札や契約の制度設計を入念に行

う必要がある．

　筆者がこれまでに，いずれかのごみ種について競争入札を導入した複数の自治体の担当者から聞いたところでは，競争入札には次のような弊害がある．

　①サービス品質低下のリスクがある
　②業者の倒産や従業員の離職で収集作業に支障をきたす恐れがある
　③手続事務が繁雑となるなど事務コストが増大する
　④入札不調により委託先が決まらないリスクがある
　⑤落札に失敗した地元業者の経営危機を招き，従業員の雇用を不安定にする恐れがある

　競争入札ではサービス品質が評価されず，価格だけで決まることから，「安かろう悪かろう」になるとの指摘はよく耳にする．価格が低下してもサービス品質が悪化すれば，市民からの信頼が損なわれ，改善指導に大きな事務コスト負担を余儀なくされる．

　こうした価格とサービスの二律背反への対応策として，「総合評価方式」を導入することが有益と考えられる．参加業者の収集受託実績に加え，業者からだけでなく近隣自治体からの情報収集も行って，入札参加者のサービス品質や継続性を把握した上で，業者選定について，価格とサービス提案の双方を評価項目とした総合評価により委託先を選定するのである．

(2) 委託料算式見直しによる効率化

　廃棄物処理法施行令は，自治体がごみの収集・処分を委託するにあたり，「委託料が受託業務を遂行するに足りる額であること」（4条5号）を要すると定めている．これは，この業務の公共性に照らして，受託者が安定的・継続的に業務遂行できるように，受託業務の遂行に必要な費用を補償し，かつ適正な利益を加算した委託料が得られるようにすることを意味する．

　委託料の決め方の基本は，次式による．

$$委託料 = 必要車両台数 \times 1台当たり単価$$

　必要車両台数は，区域を委託数に見合う数ブロックに分けた上で，次式のように，各ブロックの1日当たり想定収集ごみ量を，1台当たりの標準収集量と一定

表 4-1 車両 1 台の年間委託単価の積算費目モデル

経費項目	内訳
①人件費	運転手・収集員の給与，手当，社会保険料
②減価償却費	車両購入価格／耐用年数
③燃料費	燃料，オイル，グリース
④修繕費	修理費，車検費
⑤消耗品費	自動車消耗品
⑥保険・税	自動車保険，自動車税
⑦事務費	営業所の賃借料，事務職員の給料など
⑧適正利益	①～⑦の合計額に一定率を乗じて算出

の回転数（清掃工場への往復回数）で除すことにより，収集ブロック別に割り出す．

必要車両台数 ＝ 1 日当たり収集量 ÷ 1 台当たり収集量 ÷ 回転数

次に，1 台当たり年間単価は，**表4-1**に示すような費目と適正利益を積み上げて算出する．最大の費目は人件費で，経費総額の 7～8 割程度を占めている．減価償却費は，購入価格を耐用年数で除して算出される．事務費は典型的な間接費であるが，自治体サイドで十分な企業情報を入手できない場合，①～⑥の合計額に一定率を乗じて算出することもある．

適正利益は，直接費・間接費（①～⑦）の合計額に，一定の利益率を乗じて算出する．適用される利益率は，筆者の調べでは数％から十数％まで自治体によりまちまちであるが，規模の大きな自治体では 10％としているところが多い．自治体資料の積算項目のリストを見ると，適正利益については利益という項目名ではなく，「管理費」，「諸経費」などとして表記されていることが多い．

こうした積算は，随意契約，競争入札を問わず，委託契約にあたって上限価格となる設計価格（予定価格）の設定にあたって行うことが原則である．適正な委託予定価格の積算は，収集サービスの品質維持，収集業務の効率化の両面で重要な意味を持つ．過小な積算は原価割れでの業務受託によるサービス低下や経営危機のリスクをもたらしかねず，過大な積算は超過利潤の発生，税の無駄遣いのそしりを免れない．自治体担当部局は，経済情勢や業界動向に絶えず目配りすると同時に，他自治体とも意見交換して情報収集に努める必要がある．

費目別に留意すべき点に簡単に触れておこう．最大費目の人件費については，

直営職員の給与・手当を基準に算定している事例が見られるが，類似民間企業の賃金調査などを参照することで引き下げることができる．また車両の減価償却費について，多くの自治体が耐用年数を5年あるいは6年としているが，実際にはもっと長期に使用していることが多いので，修繕費増加との見合いにおいて，年数引き延ばしを検討する余地がある．適正利益についても，全産業の利益率[1]が3％程度にとどまる現下の経済情勢を反映した，真に「適正な」利益率への見直しが必要である．

(3) 西東京市にみる直営力の活用

　西東京市は，旧保谷市・田無市の時代に資源物と一部地区のごみ収集を直営とし，残り地区のごみ収集を民間委託としてきたが，2001年の2市合併後に行財政改革大綱が策定され，現業職員の欠員不補充，民間委託化が基本方針となった．2007年度に戸別収集，容器包装プラスチック・廃食用油・金属類の分別収集，有料化の3事業を実施するにあたり，可燃ごみ，不燃ごみ，容器包装プラスチック，古紙類の収集を全面的に民間委託化し，びん，缶，PETボトルの収集を直営とした．民間委託の拡大と併せて，リサイクル意識の啓発，排出指導，ふれあい収集など直営力の発揮が期待できる分野の強化を図る職員配置としたのである．

　表4-2に示すように，この数年間をみても，職員退職不補充と民間委託の拡大に伴い，民間委託比率（車両比）は2005年度の45％から直近では86％に上昇して

表4-2　西東京市の民間委託と家庭ごみ収集運搬費の推移

年度	2006	2007 (1月有料化)	2008	2009	2010 (手数料改定)	2011
家庭ごみ収集量	47,456t	45,586t	40,829t	40,523t	41,164t	41,345t
うち資源物収集量	9,926t	12,251t	13,258t	12,813t	13,568t	13,424t
1人1日当たり収集量	677.2g	578.1g	570.2g	577.4g	570.6g	
直営収集職員数	67人	57人	57人	57人	50人	48人
直営車両台数	36台	17台	15台	15台	11台	10台
委託車両台数	29台	53台	57台	57台	61台	62台
民間委託比率(車両比)	44.6％	75.7％	79.2％	79.2％	84.7％	86.1％
家庭ごみ収集委託費	405,542千円	591,886千円	786,182千円	799,883千円	841,950千円	861,264千円
家庭ごみ収集運搬費	1,006,921千円	1,174,155千円	1,312,465千円	1,304,129千円	1,286,011千円	1,275,997千円

注）2007年9月に戸別収集，同10月に容器包装プラスチック分別収集を開始．

いる．この間，直営車両は36台から10台にまで減車し，直営職員は67人から48人に減員している．実際の収集作業に従事する職員は全体の約半数で，その他の職員は指導，啓発，ふれあい収集，剪定枝資源化モデル事業，生ごみ堆肥化等市民との協働事業などの業務を担当している．

収集運搬費の推移を見ると，戸別収集と容器包装プラスチックなどの分別収集を開始した2007年度に増加し，それが通年で反映される2008年度には最大となるが，それ以降委託拡大の効果もあって減少に転じている．収集業務の委託先は，市内に拠

写真 4-1　西東京市のフック出し収集

点を置く6社で構成される西東京市清掃事業協同組合である．この組合は，市が主導して，①収集業務のサービス品質を高めること，②不測の事態が生じた場合，業者が相互に協力し合えること，を狙いとして数年前に結成された．組合は市のパートナーとして，年に数回，市と協議を行い，また災害時ごみ処理協力協定を締結し，自主的にまち美化活動に取り組むなど，市の清掃事業に積極的に協力している．

戸別収集を含む3事業の実施にあたっては，現場職員が通常の収集業務終了後に具体的な実施方法の協議を行い，実地の全戸調査を実施した．その成果の1つが，現場職員による「集合住宅フック出し部屋別収集[2]」(**写真4-1**) の考案であった．これは，戸別収集の対象外とされた集合住宅におけるごみ排出適正化の方策として，排出場所の壁面に部屋番号を表示したフック付きのプレートを取り付け，これにごみの入った指定袋をつるして排出してもらう方式である．ごみ袋を他人に見せたくない人は，部屋番号を付けた蓋付きバケツを使用することもできる．市はフック付き金属プレートの製作と施工を行う市内工務店と連携し，要望があれば斡旋も行っている．この収集方式は管理会社や所有者に好評で，すでに150棟の集合住宅が採用している．

また，2010年度における家庭ごみ手数料の改定にあたっては，2万人以上の市

民から大量の旧指定袋が新指定袋との交換のために持ち込まれ，事務作業が混乱をきたしかねない状況であったが，情報処理に長けた現場職員による指定袋交換事務システムの作製により，交換事務を円滑に取り進めることができた．

事務部局との連携によるごみ減量施策立案への参画をはじめ，廃棄物減量等推進審議会での委員質問への回答や説明，各種シンポジウムや講演での先進的ごみ減量施策のプレゼンテーションなども，現場の技能職幹部が前面に出て対応している．清掃業務に専従する技能職にはごみ減量のノウハウが蓄積されているから，そのマンパワーを最大限に活用したいというのが市の意向である．直営力が遺憾なく発揮されているものの，市として直営を一定比率維持するとの方針はまだ決まっていない．

(4) 直営力活用・強化への期待

筆者は，自治体の収集業務について効率化の視点から調査してきた．「第4回全国都市家庭ごみ有料化アンケート調査」に有効回答を寄せた大部分の都市に対してフォローアップの電話聞き取り調査も行っている．それにより，各市各様に収集業務効率化に工夫を凝らしている実態を把握できた．

その一方で，競争入札導入など効率化を推進する過程で，サービス品質の低下や業務継続上の支障などの問題に直面したという体験談も何件か耳にした．確かに直営の人件費は控えめにみても，民間業者の倍程度と割高につく．そこで自治体はこれまで，行財政改革の中で，歳出合理化の取り組みの一環として直営の縮小・廃止，民間委託拡大，競争入札導入に邁進してきた．

しかし，東日本大震災と被災地支援活動を経験して以降，明らかに，自治体ごみ担当部局の直営業務に対する考え方は変化したようにみえる．災害時の迅速な対応に，直営業務は不可欠であるとの認識が高まってきた．また，高齢化が急速に進展する状況のもと，市職員による安心安全できめ細かな収集サービスへのニーズも高まっている．

直営部門を有する大部分の自治体は現在，職員退職不補充，民間委託拡大の方針を堅持しているので，員数の減少に伴い直営職員の士気が高まらず，収集技術の蓄積も滞りがちある．他方で，民間委託では人件費が安いことから作業員の入れ替わりが激しく，熟練した技術が蓄積されにくいのが現実である．それだけに，

表4-3　直営収集の強みと弱み

強み	弱み
○災害時の対応 ○作業者へのきめ細かな安全等指導 ○排出者に対する適正排出指導 ○収集技術の蓄積 ○業務の安定性・継続性 ○高齢者・障害者向けサービス	●割高な人件費

一定比率の直営部門を維持し，委託業者の指導を適切に行って，住民サービスの低下を招かないようにすることが重要となる．また，自治体サイドに収集作業の経験が蓄積されていないと，経費情報を把握できず，収集委託予定価格の積算が困難となり，委託費の上昇が避けられなくなる恐れもある．

直営収集の強みと弱みについて整理すると，**表4-3**のようになる．直営部門を有する自治体においては，直営力の強みを活かすことにより，災害時対応，作業の安全確保，きめ細かな排出指導，収集技術の蓄積，業務の安定性維持，高齢化社会対応など，収集運搬サービスの向上につなげることが求められている．

徹底したごみ減量・リサイクルの取り組みを説いて一世を風靡したロビン・マレーはその著書で，直営収集職員の役割についてこう述べている．

「収集者は『ゼロ・ウェイスト』リサイクルの主役である．彼らは，最前線で一般家庭や企業に廃棄物についての助言を行うことにより，情報のパイプ役という重要な役割を果たしているのだ．そして，収集者自身が経験から集めたデータを検討し，廃棄物リサイクルシステムを改善する責任者でもあるのだ．分別に加えて，収集者は各家庭レベルの生ごみ堆肥化のような作業のアドバイザーにもなる．つまりリサイクルや堆肥化の基本構想を組み立てるなど，新しい『グリーンカラー労働者』の代表なのである[3]」

これからの自治体収集職員は，ごみ減量・資源化のプロとして市民を支援し，また収集のプロとして委託業務を管理する能力を問われることになる．

2 市民目線で収集業務の改善に取り組む京都市

(1) 共汗を柱に据えた収集業務改善計画

　京都市のごみ収集業務は，2006年10月に導入された「家庭ごみ有料化」，その1年後に全市に拡大された「プラスチック製容器包装の分別収集」により，ごみ減量やリサイクルが進展し，市民のごみへの関心が高まるなど，大きな変化を経験した．そして今，また業務の効率化や改善に向けた新たな変革期を迎えている．

　市財政の悪化を受けて収集業務効率化の必要性が高まる中で，ごみの発生抑制や分別適正化など，上流対策の重要性が増している．こうした状況を踏まえ，京都市は2008年12月，収集運搬部門の業務改善・改革における実施計画として位置づけられる「ごみ収集業務改善実施計画」を策定した．この計画は，「徹底した効率化」，「共汗」，「市民感覚」，「人材育成と意識改革」をキーワードとする4つの基本方針のもとに，収集業務の改善，総合的な環境行政の推進に取り組むとしている．

方針1：徹底した効率化

①民間委託化の推進

　収集業務の徹底した効率化を図るため，新規採用を凍結することで職員数を削減しながら，直営と庸車による収集を段階的に縮小し，民間委託を拡大することによって，2015年度当初に民間委託率50％の達成をめざす．

②競争入札の導入

　2009年度から新規委託契約分について複数年契約の競争入札方式を導入し，14年度以降は現行の委託・庸車業務についても実施する．新規参入の促進，余剰車両の有効活用を目的として，市が所有する車両を受託者に貸与する委託方式を試行的に実施する．

方針2：共汗

①収集区域の再編と地域環境行政拠点の整備

　収集運搬業務の効率化を推進するため，行政区別に11ある収集区域を7区域に再編する．これに伴い各行政区に1箇所ずつ配置されたまち美化事務所（清掃事務所）を統合して7事務所とする．一方で，環境共生のまちづくり

を進めていくため，各行政区に，地域における総合的な環境行政の最前線の拠点（エコまちステーション）を整備する．
②地域におけるごみ減量目標の設定
　市民と行政が一体となって循環型社会の構築に取り組めるように，地域ごとのごみ減量やリサイクルの取組目標を設定する．

方針3：市民感覚
○PDCAサイクルの構築
　市民が参加する「ごみ収集業務評価委員会」を設立し，市民サービスの視点で直営，委託の収集業務を点検・評価する制度を導入し，その評価に基づいて継続的に業務の改善を行う仕組みを構築する．

方針4：人材育成と意識改革
○人材育成と意識改革の徹底による組織の活性化
　市民との共汗により環境問題に取り組むにあたって，環境部局職員には，市民にわかりやすく説明できるよう環境知識の習得に努めるとともに，強い使命感と問題意識を持ち，市民目線で行動するように心がけることも求められる．総合的な環境行政を推進できる体制を構築するため，人材育成と意識改革の取り組みを徹底することにより職員の資質を高め，組織の活性化を図る．

　こうしたごみ収集業務改善計画の策定を受けて，京都市の収集業務は，徹底的な業務効率化とサービス品質の改善，環境行政の拠点強化，組織活性化などに注力する新たな局面に入ったのである．

(2) **合特法がらみのしがらみを乗り越えて**
　京都市では，高度成長期にごみ量が急増し，直営（**写真4-2**）のみでは収集できなくなり，民間業者から運転手付きで収集車両を借り受ける「庸車」を開始した．また，1970年代後半には民間業者への収集委託も一部導入された．その際，他の自治体と同様，合特法の趣旨に沿って，し尿処理業者に対して優先的に委託が行われている．
　合特法の正式名称は「下水道の整備等に伴う一般廃棄物処理業等の合理化に関する特別措置法」で，市町村による下水道の整備に伴ってし尿処理業者の業務

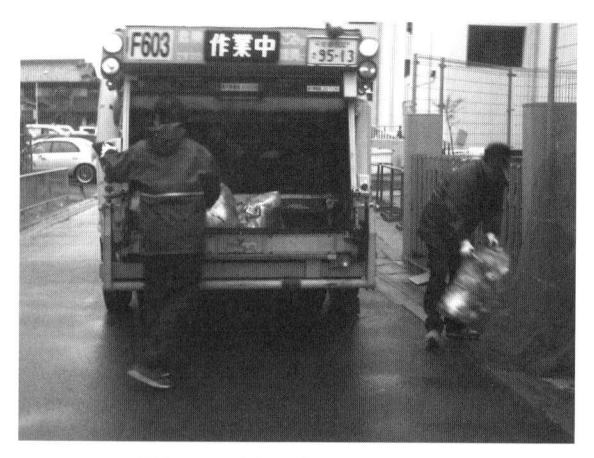

写真4-2 京都市内の直営収集作業

が縮小したため，国が業者の事業転換などを支援する目的で，1975年に制定した法律である．この法律では，①市町村がその下水道整備の影響を受けるし尿処理事業について，激変緩和，経営近代化，規模適正化を図るための合理化計画を定め，都道府県知事の承認を受けることができる，②この合理化計画に基づいて，し尿処理業者が事業転換を行う場合は，その事業転換計画の認定を市町村から受けることができる，③事業転換計画の認定を受けた業者に対しては，国または市町村が事業転換を行うに必要な資金について金融上の措置を講じるよう努める，とされている．

この法律に基づいて合理化計画を作成した自治体は少数にとどまる．しかし，同法の趣旨に沿って，京都市を含め多くの自治体がそれまで直営で実施してきたごみ収集業務の一部を代替業務として，し尿処理業者に対して優先的に随意契約で委託するようになった．その際，優先的に委託することについて，自治体と業者の間に覚書や合意書，協定書が交わされるのが通常である．

京都市は，ごみ収集業務改善実施計画に沿って，2013年度までを経過期間とし，現行の受託者との契約を継続するものの，2014年度以降は徹底した効率化によるコストの削減，契約における透明性・公平性の確保をめざして，し尿処理業務の縮小に伴う代替業務として委託してきた業務も含め，現行の特定業者との随意契約を見直し，新たな競争入札方式へ移行する．

(3) 業務委託仕様書の設計でサービス品質を維持

ごみ収集業務改善実施計画に基づいて，2009年度新規契約分から，制限付き一般競争入札による委託化が開始された．受託者の選定にあたっては，安定的・継続的な業務遂行に必要な能力を評価するため，資格基準に基づく事前の審査，応

募者へのヒアリングによる審査などの手続きを経た上で，競争入札を実施することになる．競争入札においては，原価割れ入札によるサービス悪化を防止するために，一定の価格以下の入札を失格とする最低制限価格制を取り入れている．

入札参加資格要件として15項目が挙げられているが，その中に他都市ではあまり見かけない項目として「環境マネジメントシステム規格（ＩＳＯ，ＫＥＳ等）の認証を取得していること」がある．環境業務に対する市の「こだわり」が見てとれる．

競争入札の公告時，収集運搬業務委託の概要を盛り込んだ仕様書が示される[3]．受託者は，この仕様書にしたがい，業務を遂行することになる．したがって，収集サービスの低下に歯止めをかけるための要件を盛り込むとしたら，ここである．仕様書の「3 委託業務の履行」で，関係法令・規則の遵守，誠実・完全な業務履行を求めるだけでなく，「受託者は京都市からの受託業務であることを十分に認識し，親切・丁寧な対応を心がけ，市民に対し，不快となるような言動をとってはならない」とクギを刺している．

仕様書の「6 委託業務の内容」には，収集作業中の安全確保，収集後の散乱物の掃除，収集車の安全走行，不適正排出ごみへのシール貼付と取り残し，責任者による作業状況の巡回・確認，収集漏れ等への対応，バイオディーゼル燃料の使用など，事細かな指示が盛り込まれている．

仕様書には「11 市民対応」の項目もあり，「受託者は，受託業務の効率的実施と業務の効率性を十分に認識し，常に市の業務を請け負っていることを念頭に置き，作業に際しては服装・言葉づかい・態度等において市民の信頼を損なわないようにし，市民への奉仕を心がけること」と念押ししている．

契約は，1日1台当たりの単価契約とされている．競争入札においては，有効な入札書を提示した者であって，あらかじめ市が設定した予定価格の制限の範囲内の価格で，最低制限価格以上の価格をもって札を入れた者のうち，最も低い価格を付けた者が落札者となる．

(4) **収集運搬費の削減効果**

まず，家庭ごみ有料化前後のごみ量の変化を確認しておこう．**表4-4**は，京都市におけるこの7年間の家庭系ごみ量の推移を示す．1人1日当たりの燃やすご

表 4-4　京都市の家庭系ごみ量の推移

(単位：t)

年　度	2005	2006 (有料化)	2007	2008	2009	2010	2011
人　口（人）	1,474,811	1,472,511	1,468,588	1,467,313	1,465,816	1,474,015	1,473,416
燃やすごみ・大型ごみ（A）	284,839	268,956	234,075	221,654	217,994	214,970	216,174
資源（集団回収含む）（B）	19,966	22,308	32,119	41,222	40,763	41,657	42,317
その他（C）	2,523	2,618	1,987	2,153	1,836	2,915	2,615
家庭ごみ排出量（A＋B＋C）	307,328	293,882	268,181	265,029	260,593	259,542	261,106
1人1日当たり燃やすごみ・大型ごみ量（g）	529	500 (-5.4%)	437 (-17.5%)	414 (-21.8%)	407 (-23.0%)	400 (-24.5%)	401 (-24.2%)
1人1日当たり家庭ごみ排出量（g）	571	547 (-4.2%)	500 (-12.4%)	495 (-13.3%)	487 (-14.7%)	482 (-15.5%)	484 (-15.2%)
（参考）事業系ごみ	370,997	363,740	349,270	325,907	291,362	255,845	246,703

注）1．カッコ内は有料化実施前年度比の減少率．
　　2．集団回収量（(B) の内数）については，助成金制度を開始した 2006 年 10 月分から計上．

み・大型ごみ量は有料化導入前年度比で，有料化翌年度に18％減，直近の2011年度には24％減とかなり大きな減量率を示している．2008年度以降に減量率が拡大したのは，プラスチック製容器包装の分別収集による効果が通年寄与したことによる．1人1日当たりの家庭ごみ排出量（資源を含む）については，有料化翌年度12％減，直近の2011年度には15％減と，こちらもかなりの減量効果が出ている．

こうした状況のもとで，2009年度から競争入札による収集委託化が開始された．図4-1に示すように，第3章で取り上げた仙台市と比べると，京都市の民間委託拡大と直営収集職員数の削減はだいぶ緩やかなペースで進められており，委託率の目標も100％ではなく，50％（2015年度当初までに）とされている[4]．

有料化，プラ分別収集拡大，競争的委託契約導入のもとでの収集費削減効果をみてみよう．表4-5は，家庭系ごみの品目別に収集量と収集運搬費の推移を示している．収集量，収集運搬費ともに，家庭ごみ有料化に伴うごみ減量と資源化推進，プラ分別収集拡大の影響を受け，さらに2009年度以降の収集運搬費については新規委託分の競争入札導入の効果も反映している．

燃やすごみのt当たり収集単価は，有料化前年度の約3万円から直近で約2.6万円に，缶・びん・ペットのt当たり収集単価も約11万円から約7.6万円にそれぞれ低下し，ごみ・資源を合わせた収集運搬費の総額でみても，約118億円から約93億円に減少している．

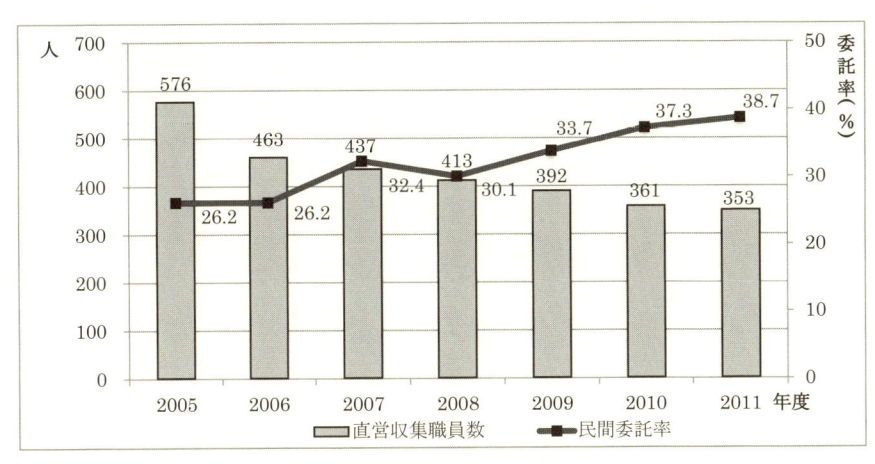

図 4-1 京都市の直営収集職員数と民間委託率の推移

表 4-5 京都市の家庭系ごみ収集運搬費の推移　　　　　　　　　（単位：千円）

年　度	2005	2006 (有料化)	2007	2008	2009	2010	2011
燃やすごみ収集量	278,665	262,660	228,419	216,490	213,319	210,269	211,733
缶・びん・ペット収集量	17,981	16,169	13,875	13,379	13,444	13,318	13,377
プラ製容器包装収集量	−	−	5,638	10,048	9,583	9,397	9,230
燃やすごみ収集運搬費	8,416,653	8,059,229	6,554,344	6,337,400	5,916,357	5,741,670	5,638,277
燃やすごみｔ当たり収集単価（円）	29,995	30,444	28,497	29,024	27,524	27,047	26,420
缶・びん・ペット収集運搬費	1,993,748	2,059,710	2,237,273	1,170,971	1,086,090	1,045,076	1,020,364
缶・びん・ペットｔ当たり収集単価（円）	110,881	127,386	161,245	87,523	80,786	78,471	76,278
プラ製容器包装収集運搬費	−	−	−	1,987,495	1,851,837	1,794,781	1,758,572
プラ製容器包装ｔ当たり収集単価（円）	−	−	−	197,800	193,242	190,995	190,528
収集運搬費（資源等含む）	11,827,390	11,627,749	11,140,196	10,563,376	9,868,295	9,521,761	9,324,887

　この先，2014年度から現行の委託・庸車業務についても競争入札が導入されると，京都市における収集運搬費の削減幅は相当拡大するものと予想される．

(5) 市民目線を収集業務の点検に活かす

ごみ収集業務改善実施計画に基づいて，市民と学識経験者が市民目線で収集業務の点検・評価を行う「ごみ収集業務評価委員会」が2009年3月に設置された．市がこの評価委員会に討議資料として供するために2011年夏，2度目となるごみ収集業務アンケート調査（市内3000世帯対象，回答数1300）を実施した．その調査結果には，直営，委託それぞれの収集区域住民による収集業務に関する評価が示されている．

表4-6は，11ある設問のうち特に重要と思われる6問に対する直営・委託それぞれの収集区域住民の好意的な評価を簡略化して示した．これを見ると，設問①，③については直営・委託ほぼ同等，⑥について直営良好，②，④，⑤について委託良好となっている．直営・委託間の優劣は一概にいえないほど接近している．

実はこのアンケートには，「収集の丁寧さ」と「運転マナーの改善」についてそれぞれ「昨年比でどうか」と訊ねる2つの設問があるが，いずれについても委託の方が「よくなった」とする回答の比率が高かった．つまり，委託の収集サービス品質が経年で底上げされたことが示唆されている．委託により新規業者を導入すると，当初はサービス低下が見られるが，慣れるにしたがってだんだん改善してくることが多い．それに加え，こうしたアンケート調査を通じた市民による

表4-6　直・委収集業務に関する市民の評価

設問	評価	運営形態	回答全体に占める比率
① 収集業務はきれいにできているか	できている 概ねできている	直営区域	96.7%
		委託区域	97.0%
② 収集作業により，通行の妨げや危険を感じたことがあるか	ない	直営区域	87.8%
		委託区域	91.2%
③ 啓発シールが貼ってあるごみ袋を見たことがあるか	ある	直営区域	61.1%
		委託区域	61.0%
④ 収集車のスピード超過や無理な車線変更等を見たことがあるか	ない	直営区域	63.8%
		委託区域	67.7%
⑤ 作業員は，収集作業中に自分から声かけやあいさつをしているか	している 概ねしている	直営区域	20.4%
		委託区域	22.4%
⑥ 作業員は，収集後にカラスネットを通行の妨げにならないように片付けているか	できている 概ねできている	直営区域	57.2%
		委託区域	52.7%

(出所)「京都市のごみ収集業務に関するアンケート調査結果報告」(2011年12月) より作成．

業務評価結果の公表，評価委員会による毎年度の「業務履行に対する評価・意見書」が特に委託業務の改善を促進する効果をあげたと考えられる．

　ごみ収集を民間業者に委託する場合，区域内のごみ処理について統括的責任を担う自治体として，業務の事後評価はしておきたい．市民目線を活かした事後評価システムは，直営・委託両収集業務の実施状況を「見える化」し，改善につなげる試みとして注目したい．

注
1) ここでの利益率は売上高営業利益率（財務省「法人企業統計」，2011年度全産業2.8％，非製造業同値，運輸業3.5％）．
2) この取り組みについては，山谷修作『ごみ見える化』（丸善，2010年）第13章で紹介している．
3) ロビン・マレー『ゴミポリシー』（築地書館，2003年)，51頁．
4) 仕様書の説明は，「2013年4月燃やすごみ等収集運搬業務委託に係る入札」の際のそれに基づく．
5) ここでの民間委託率は，作業人員のうち，委託人員（庸車運転手を含む）が占める割合を示す．

第5章

変革期を迎えた東京23区収集業務（前編）
——社会変化への対応と効率化の取り組み

　2000年に東京都から特別区へ清掃事業が移管されてから，十数年が経過した．移管後は，ごみの収集運搬について各区が単独で業務を担い，中間処理については23区を構成団体とする東京二十三区清掃一部事務組合（以下，一組）で共同処理を行い，最終処分については東京都に処分を委託している．各区はそれぞれ，東京都から引き継いだ収集業務を独自に進化させることにより，また23区で連携しつつ，改善に取り組んできた．

　本章では，まず東京23区収集運搬システムの特殊性を明らかにした上で，近年におけるいくつかの区による特徴的な取り組みとして，高齢化対応としての訪問収集の拡充，資源回収の集団回収への一元化，施設整備による資源化推進を取り上げた．

1　東京23区収集業務の特色

(1)　効率的な運搬・搬入システム

　各区には，収集運搬業務を担当する清掃事務所が1～3か所配置されている．各清掃事務所が収集した可燃ごみの21か所ある清掃工場への搬入については，一組が搬入先工場と搬入量を各区に指示する．一組は，運搬距離や工場の処理能力などを勘案の上，搬入先と量を決める．

　域内に北清掃工場が立地する北区のケースを，一組の『清掃事業年報（2012年版）』により2012年度について確認しておこう．区の2か所の清掃事務所が収集したごみは，その大部分を域内の工場に搬入するものの，隣接する板橋区，足立区，豊島区にある工場に距離的に近いエリアのごみは，域外の工場に搬入されていた．

　北清掃工場からみると，北区のごみだけでなく，隣接する工場立地区の板橋区，

足立区，豊島区，そして区域に清掃工場を持たない荒川区，中野区，文京区，新宿区のごみを受け入れていた．練馬清掃工場の建て替え工事への対応として，練馬区のごみも搬入されていた．

このように，①隣接区の工場への運搬距離が短い場合には，区域にとらわれずに搬入先を選択する，②工場の建て替え工事や法定点検時などにも，臨機応変に23区一体として搬入対応できる，③工場を持たない区のごみについては，ごみ量が減る趨勢の中で自区内での工場建設を求めるのではなく，23区が共同で現有施設を用いて中間処理を行う[1]，といった効率的な運搬システムが構築されている．

(2) 23区独自の収集システム

「シングル，ダブル」といってもウィスキーの水割りではない．23区清掃部局のスタッフなら誰でも知っている収集作業のパターンである．

直営車なら清掃事務所から運転手と収集職員2人が乗車して，雇上車なら雇上会社の車庫から運転手が乗った車両が清掃事務所で収集職員2人をピックアップして，それぞれ収集現場に向かい，運転手を運転専業としたまま，2人の収集職員が集積所に排出されたごみを収集車両に積み込む．積み込みが基準量に達すると，収集車両はあらかじめ清掃事務所に指示された清掃工場へ搬入に向かう．搬入を終えて空車で収集現場に戻ってくるまでの数十分の間，収集職員は待つことになる．道路渋滞に巻き込まれたり，清掃工場で搬入待ちが長引いたりすると，待機時間が1時間近くに及ぶこともある．この間に収集職員は，車道から少し離れた排出場所のごみを道路際に寄せるとか，分別や品目が不適正なごみや有料シールなしの事業系ごみに警告シールを貼付したり，違反ごみの排出者を直接指導するといった作業をすることができる．これがシングル作業のパターンである．

清掃工場までの運搬距離が長いと，シングル作業では待機時間が長くなり，基本的に時間ロスが大きい．そこで東京都清掃局時代に考案された作業パターンがダブル作業である．この方式では，1組の収集職員2人に先番，後番と呼ばれる2台の収集車両が配備される．収集車両の大部分を占めるようになった雇上車のケースで，ある区におけるダブル作業のパターンを**図5-1**に示す．

収集作業開始に先立って，1組につき2台の車両が雇上会社の車庫を出発する．先番車はまず清掃事務所に立ち寄り，区職員である収集職員2人をピック

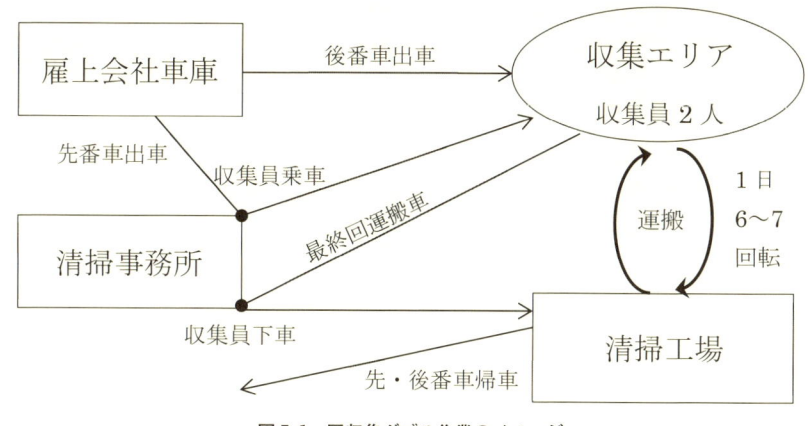

図5-1 区収集ダブル作業のイメージ

アップして，収集現場に向かう．もう1台の後番車は直接収集現場に向かう．先番車から降りた収集職員による1回目の収集作業が終了し先番車が清掃工場へ搬入に向かうと，待機していた後番車が収集場所に移動し，2回目の収集作業が始まる．それが終わると，清掃工場から戻っていた先番車が移動してくる．昼休みには収集職員は収集車に便乗して清掃事務所に帰るが，勤務時間中は次々と収集車が付けてくるので，かなりきつい作業となる．収集エリアと清掃工場との往復は，1日6～7回転程度である．

　作業員にとってきつい作業となるこの作業パターンは，工場までの運搬距離が長い場合に収集効率が高く，コストパフォーマンスもよい．収集職員の待機時間を減らせるだけでなく，雇上車両費こそ増加するものの，割高な直営収集職員の人件費を節減できるからである．経済性を考慮して，清掃事務所区域-工場間が一定距離以上のケースについて導入している[2]．

　ちなみに品川区の2か所の清掃事務所区域は品川清掃工場，港清掃工場，目黒清掃工場などに近いことから，すべてシングル作業としている．これに対して，区内に清掃工場を持たない区では，ダブル作業の比率が高くなる傾向が見られる．

(3) **高まる雇上比率**

　税収の落ち込みと義務的経費の増加・高止まりに直面して，多くの区が歳出合理化策の一環として，直営職員の退職不補充をしている．**表5-1**は，台東清掃事

表5-1 台東清掃事務所の収集運搬作業人員の推移

年　度	2000	2001	2002	2003	2004	2005	2006	2007	2008	2009	2010	2011	2012	2013
常勤技能職	179	176	170	154	142	130	132	124	118	110	102	98	94	101
再任用・再雇用・非常勤	29	29	28	30	31	35	33	30	24	29	32	28	29	27
合　計	208	205	198	184	173	165	165	154	142	139	134	126	123	128

表5-2 台東清掃事務所の収集車両台数の推移

年　度	2000	2001	2002	2003	2004	2005	2006	2007	2008	2009	2010	2011	2012	2013
直営車	18	17	16	16	15	15	14	14	12	10	9	9	9	8
雇上車	56	55	55	53	52	52	49	49	49	48	36	34	34	35
計	74	72	71	69	67	67	63	63	61	58	45	43	43	43
雇上車比率	75.7%	76.4%	77.5%	76.8%	77.6%	77.6%	77.8%	77.8%	80.3%	82.8%	80.0%	79.1%	79.1%	81.4%

注1) 2013年度の直営車8台の内訳は，小型プレス車4台，軽小型ダンプ車4台．
　2) 2013年度の車両計43台の他，戸別収集を実施する月・木曜日に5台の増車がある（戸別収集地域拡大に伴い増車の予定あり）．

務所における人員の推移を示す．常勤職員数が年々減少し，欠けた部分は再任用や非常勤の職員でやりくりしている．直営部門が縮小し続ける中で，**表5-2**に示すように，収集車全体に占める直営の比率が低下し，雇上比率が高まっている．こうした傾向は，どの区にもほぼ共通している．

　近年一部の区は，直営職員減少への対応として，また収集コスト削減を狙いとして，雇上会社から運転手付き収集車だけでなく，収集作業員も雇い上げる「車付雇上」と呼ばれる雇上方式も採用するようになった．

(4) 雇上車両の配車システム

　各区清掃事務所への雇上車両の配車については，公益事業と同様な需給調整システムが構築されている．電力会社の本社には給電司令所が置かれ，時々刻々の電力需要の変化に即応して各発電所に給電の指示を与えている．航空会社や鉄道会社には運行指令室がある．

　雇上車両の配車（収集作業員付き車両を含む）は，東京二十三区清掃協議会が担当している．**図5-2**は，その配車調整機能を示す．雇上各社は毎年度定期的に，そして変更が生じた場合には随時，車種別の保有車両と予備車両などの情報を清掃協議会に提出する．

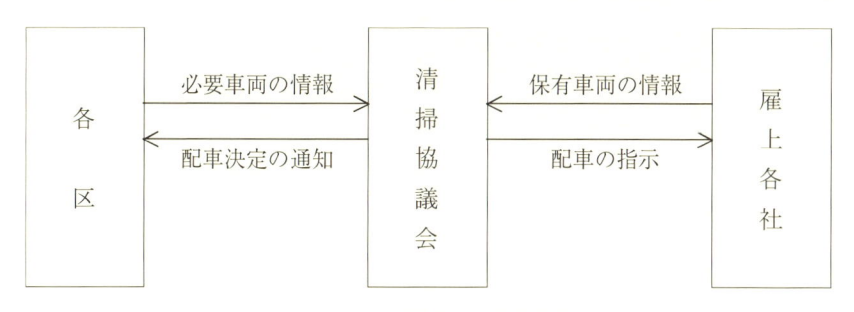

図 5-2　清掃協議会の配車調整機能

　他方，各区清掃事務所は清掃協議会に対して，毎年度所定の期日に翌年度の収集運搬業務の実施に必要とする雇上車両の車種別台数や車付収集作業員数の情報を，曜日ごとに割り振った形で提出する．これは，休日明けの曜日のごみ量が他の曜日よりも多くなるなど，曜日別の波動性に対応するためである[3]．

　清掃協議会は，各区清掃事務所の需要量と雇上各社の供給量を突き合わせて，配車調整を行うことになる．各清掃事務所への配車にあたっては，①これまでの配車実績，②雇上会社の車庫からの距離等を勘案している．調整の結果として，各区に対して，曜日ごとの，会社別の車種別台数，車付収集作業員数が通知される．

　清掃協議会の本領が発揮されるのは，緊急時である．直営車両の故障や想定外の多量排出などで臨時車の要請が清掃事務所からあれば，雇上各社の供給力を常時把握している清掃協議会が，予備力を保有する会社に出動を指示することになる．この「予備力共有」こそ，23区の収集事業連携から得られる最大のメリット，と著者はみている．

2　高齢化で重みを増す北区の訪問収集

　ごみを集積所まで持ち運ぶことが困難な高齢者や障害者を対象に，玄関前まで収集職員が出向いて収集し，希望者には安否確認も行う収集サービスは，その名称こそ「訪問収集」，「ふれあい収集」，「ひと声収集」，「ごみ出しサポート」などさまざまであるが，すべての区で実施している．

　高齢化率が25％と，23区全体の20％を大きく上回り首位を行く北区は，「長生きするなら北区が一番」を区の重点施策の1つに位置付けている．高齢化対策に

積極的に取り組む同区の訪問収集の現場を視察した.

　大型連休の谷間の早朝, 北区清掃事務所の2階では, 約50人の収集職員が担当ブロック別に, 出動前のミーティングを行っていた. その後, 車両基地で事務職や雇上運転手も混じって柔軟体操をしたあと, 8時過ぎにいっせいに出車した.

　北区では高度成長期, 旧軍用地や工場の移転跡地に巨大な住宅団地群が形成された. それから半世紀の時を経て, 建物の老朽化と入居者の高齢化が顕著となっている. 戸数約5000世帯の都営桐ヶ丘団地は4～5階建てエレベータなしの建物が大部分で, 多くの棟に訪問収集の対象世帯が存在する. 1組2人の収集職員は, まず集積所のごみを収集し, そのあと階段を登ってドア脇に排出されたごみ（**写真5-1, 2**) を回収する. 職員の迅速な動きからは, 各棟の対象住戸について熟知している様子がうかがえた.

　北区は2001年度に「訪問収集」に着手し, 2007年度からは「ふれあい訪問収集」も開始した. 訪問収集は, ごみを集積所まで運び出すことが困難な人に対して, 職員が玄関先まで出向いて収集するサービスで, ①65歳以上で1人暮らしの人, または, ②障害者だけで構成されている世帯の人, を対象としている. 他区の訪問収集の基準もほぼこれと同様である.「ふれあい」の方は, 安否確認を含む訪問収集であり, 対象は①満75歳以上で1人暮らしの人で, かつ, ②介護保険の要支援または要介護の認定を受けている人, とされている.

　どちらのサービスも, 訪問収集の相談があると, 写真付きの廃棄物管理指導員証を携帯した清掃事務所職

写真5-1　団地ドアのごみ　　　　　写真5-2　礼状付きのごみ

表 5-3 北区の訪問収集対象戸数の推移

年　度	2001	2002	2003	2004	2005	2006	2007	2008	2009	2010	2011	2012
訪問収集中（ふれあい）					(1)	(1)	453 (2)	554 (27)	600 (48)	675 (47)	702 (43)	795 (38)
累計受付数	152	275	414	574	646	699	781	999	1220	1434	1571	1776

注）1．訪問収集中は，年度末時点で実施している戸数．2007年度から年度末ごとの統計開始．
　　2．受付数と収集中の開差は，死亡・転居・施設入所等で取消になった戸数．
（出所）北区清掃事務所とりまとめ．

員が申込者宅を訪問調査して確認する．依頼書提出で申し込みの手続きをし，審査によって承認となる．依頼書には数件の承諾事項が記載され，不在となる場合には事前にその期間を清掃事務所へ連絡することなどを求めている．「ふれあい」の依頼書には，緊急連絡先（親族かケアマネージャーが多い）を記入する．

「ふれあい」では，ごみが排出されていないと，チャイムを鳴らして本人に確認するが，応答がない場合は現場から清掃事務所担当者へ電話で報告し，担当職員から本人に電話する．さらに，応答がない場合は緊急連絡先に連絡する．安否確認なしの訪問収集でも，ケアマネージャーの世話を受けている人がほとんどであることから，ごみの排出なしが2回続くと作業日報により報告し，事務所担当職員が安否確認をしている．緊急連絡先への連絡は，月に数回程度の頻度で行われている．

北区における訪問収集の対象世帯数を**表5-3**に示す．高齢化の進展，区の広報活動強化，住民やケアマネージャーの認知度向上を反映して，対象世帯数は着実に増加している．

訪問収集自体は民間委託でもできるが，安否確認については，福祉事務所など他部局との連携もしやすく，個人情報の安全な管理が可能な行政直営になじむ業務であり，身体の不自由な高齢者に安心感を提供できる．高齢化率50％以上ともいわれる桐ヶ丘団地の訪問収集視察から，高齢化が急速に進むわが国のごみ収集業務における重要な取り組み課題が浮き彫りとなった．

3 荒川区の全資源集団回収一元化への取り組み

(1) 各区で高まる集団回収への期待

著者は常々，リサイクルの取り組みにおけるわが国の宝物は，行政による資源細分別収集への住民の積極的な協力，そして地域の集団回収活動であると考えている．とりわけ集団回収は世界に類を見ない，わが国独特の資源回収システムである．

一般に集団回収については，①行政コストの削減，②資源の売却代金や行政からの奨励金を得ることによる地域活動の活性化，③住民の排出管理による資源としての品質の向上，④リサイクル意識の醸成，といった利点が指摘されている．

行政コストの削減効果について，ある区の古紙回収単価に関する試算では，行政回収が32円／kg，これに対して集団回収が16円／kgであった．この集団回収単価には，登録団体への補助金6円／kgだけでなく，回収業者への補助金，担当行政職員人件費，機材貸与，広報，パトロールなどの経費がすべて含まれている．それでも集団回収のコストは行政回収の半分ですむ計算だ．

表5-4は，資源回収量に占める集団回収量の比率が高い東京特別区を示す．集団回収比率が最も高いのは荒川区の98％，次いで中野区の68％，目黒区の66％．区によってその比率にかなりのばらつきが見られるが，23区全体では，資源の

表5-4 資源集団回収率上位10区（2012年度）

(単位：t)

順位	区	資源回収量(A)	集団回収量(B)	集団回収率(B/A)
1	荒川	11,461	11,185	97.6%
2	中野	23,486	18,857	67.5%
3	目黒	21,000	13,823	65.8%
4	板橋	29,759	15,868	53.3%
5	墨田	13,906	7,038	50.6%
6	江東	31,346	15,648	49.9%
7	足立	28,768	14,305	49.7%
8	台東	10,995	5,196	47.3%
9	文京	13,257	5,948	44.9%
10	中央	10,830	4,471	41.3%
23区合計		539,019	208,432	38.7%

(出所) 23区清掃一組「ごみれぽ23」

39％が集団回収によって回収されている．経年の推移で見ると，2004年度にその比率は37％であったから，この数年間に集団回収比率はゆるやかに上昇している．

(2) 全資源集団回収への挑戦

一般に，集団回収は行政回収と比べ，回収コストが安いと受け止められている．だから，ほぼ完全に集団回収に移行したら，回収コストが大幅に削減されると思われるかもしれない．だが実際は，そう単純にいくものではない．集団回収への一本化となると，行政回収の補完，あるいは行政回収と両建てとしての位置付けとは性格が大きく異なってくる．

行政回収を廃止してすべての資源を集団回収に移すということは，町会・自治会への加入の有無にかかわらず住民誰もが等しく回収場所を利用できること，しかも有価物だけでなく，逆有償物についても継続的かつ確実に回収・資源化ルートに乗せていけるだけのシステムを構築すること，が不可欠となる．この難題に取り組んだのが，荒川区であった．

人口約21万人の荒川区は，古くから町会を基盤にして下町らしい人情味あふれるコミュニティが形成され，集団回収を含め地域活動が活発な土地柄である．また，区内には地場産業として多数の再生資源業者が集積している．区はこうした特徴を活かして，集団回収を拡大する可能性を検討するため2001年9月，清掃審議会に「集団回収のあり方について」諮問を行った．半年の検討を経て翌年9月にとりまとめられた答申は，次のような提言を行った．

①古紙・アルミ缶など集団回収と行政回収とで重複する品目については，集団回収にシフトしていくことが望ましい．
②逆有償になっているカレットびん・スチール缶についても回収品目になるよう，資源回収業者への支援を検討する必要がある．
③行政回収を廃止するには，資源の大半を集団回収で回収する次のような状況が生まれていることが必要である．
　・全町会が集団回収を実施している
　・全町会が集団回収での全品目を回収している
　・集団回収への参加率が高い

区はこの答申を受け，集団回収拡大に向けて，これまで二度にわたって引き下

表 5-5　荒川区集団回収の主な制度改正

1992 年　7 月	報奨金支給事業が都から区に移管される．(6円/kg)	
1997 年　4 月	集団回収ルート確保のために，古紙回収業者に補助金を支給（雑誌 5 円/kg，新聞・段ボール 1 円/kg)	
1998 年　4 月	報奨金を減額（6 円/kg → 5 円/kg)	
1999 年 10 月	報奨金を減額（5 円/kg → 4 円/kg)	
2000 年　4 月	新聞の市況価格が 5 円/kg を上回り，新聞の古紙回収業者への補助金支給を廃止	
2002 年　4 月	報奨金を増額（4 円/kg → 6 円/kg) 逆有償資源（混合缶・カレットびん）の回収ルート確保のために，資源回収業者に補助金を支給（40 円/kg)	
2003 年　1 月	集団回収への移行に向けたモデル事業を実施	
2003 年　4 月	逆有償資源（混合缶・カレットびん）の補助額を 10t 単位の段階額に見直す モデル団体への奨励金（月額 5000 円）の支給	
2004 年　4 月	モデル団体へのモデル回収支援金（旧，奨励金）の支出方法見直し（月額　基礎額 5000 円 + 世帯割額 15 円)	
2006 年　4 月	モデル回収支援金の支給対象拡大（集合住宅団地の町会，月額　基礎額 5000 円 + 世帯割額 7 円)	
2007 年　4 月	PET ボトル，白色トレイの回収を開始	
2008 年　4 月	PET ボトル，白色トレイの回収を区内全域に拡大	

（出所）「荒川区事務事業分析シート：集団回収支援事業（各年度）」より作成．

表 5-6　荒川区リサイクル団体数の推移

年度	2003	2004	2005	2006	2007	2008	2009	2010	2011	2012
リサイクル団体	239	257	278	301	306	315	301	301	298	297
実施町会	16	37	61	101	117	118	118	119	119	119

（出所）荒川区資料より作成．

げてきたリサイクル団体への奨励金を他区並みの 6 円/kg に引き上げるとともに，逆有償資源の回収ルート確保のために，回収業者に対して補助金を支給することとした．そして，2003 年 1 月，行政回収を停止して集団回収に一本化するモデル事業を 5 町会で開始した．その後，逐次モデル事業を拡大し，モデル団体への支援金も拡充した．区内ほぼ全域が集団回収への移行を終えた 2007 年度からは，PET ボトルと白色トレイを集団回収品目に加え，翌年 4 月からこれを区内全域に拡大した（**表5-5**）．

区に登録して集団回収活動を行うリサイクル団体は，現在約 300 存在する（**表5-6**）．その中心となるのが町会である．区内全 120 町会のうち 119 町会で行政回収が停止され，資源回収を集団回収に一本化している．その回収頻度は月 2 回．1 つの町会エリアに複数の回収場所が設けられている．回収場所の設定について，

区は1か所で30世帯以上を包摂するよう町会に依頼している．

集団回収への切り替えに参加していない1町会の世帯数は約3600で，このエリアについては引き続き資源の行政回収が行われている．

(3) 安定的な回収システムの構築

日暮里地区で回収日の朝8時過ぎから回収場所（**写真5-3**）の近くで観察すると，協同組合や組合加入業者の品目別回収車が次々と回収にくる．缶については，有価物のアルミ缶と逆有償物の混合缶（アルミ缶だけに分別していない缶）が区分され，それぞれ別の車両に積み込まれていた．

図5-3は，荒川区における資源回収の流れを示す．まず，集合住宅自治会や高年者クラブなど一般のリサイクル団体には，回収した資源量に応じて6円／kgの報奨金が区から支給される．町会に対しては報奨金の他に，回収支援金（基礎額6万円／年＋世帯割額@180円／年，団地町会については世帯割額@84円／年）と持去対策用物品購入補助金（1回限り5万円限度）も支給される．

各リサイクル団体が回収場所に分別排出する資源のうち，逆有償物としてのびん，混合缶，PETボトル，白色トレイについては区内のリサイクル業者45社が加入する荒川区リサイクル事業協同組合が，また雑誌・段ボールについては協同組合加入業者がそれぞれ収集運搬する．有価物としての新聞，アルミ缶については，各リサイクル団体が区外の業者を含め自ら業者を選択して契約する．アルミ缶を分別排出する団体は，回収業者から売却代金を受け取ることもできる．新聞については，売却代金が得られるケースとそうでないケース，契約や市況によりまちまちである．

回収業者に対しては，区は有価では安定的に回りにくい雑誌類，びん，混合缶について補助金を交付している（**表5-7**）．その補助金は品目別で，回収に対

写真 5-3　荒川区の集団資源回収場所

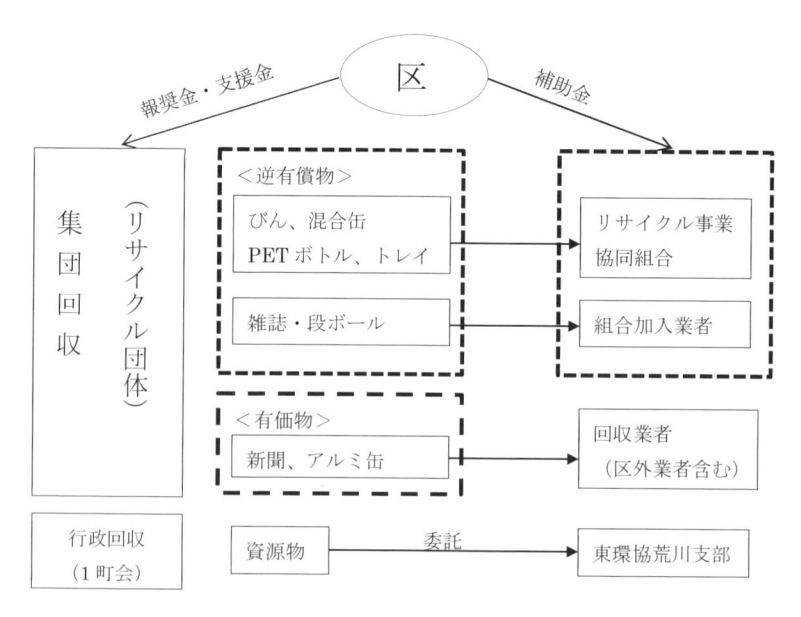

注）リサイクル団体，協同組合・組合加入業者から区への「資源回収実績報告」の矢印は省略．
（出所）荒川区からの聞き取りに基づいて作成．

図 5-3　荒川区の資源回収フロー

表 5-7　集団回収に関係する報奨金、支援金、補助金の推移

(単位：円)

年　度	2006	2007	2008	2009	2010	2011
報奨金	57,468,198	68,009,490	71,492,706	69,186,876	68,637,642	67,256,082
回収支援金	16,239,641	20,432,975	21,973,437	22,385,518	22,714,320	22,774,680
補助金	95,204,224	160,971,140	229,108,052	232,573,344	228,354,762	231,212,897
びん，缶	83,756,393	102,691,525	119,934,030	124,172,195	124,271,206	124,272,792
ペットボトル	8,628,882	58,132,155	107,563,380	100,123,194	102,244,492	106,840,105
古紙	2,169,509	0	1,560,642	8,177,955	1,789,064	0
持ち去り対策用品購入	649,440	147,460	50,000	100,000	50,000	100,000
合　計	168,912,063	249,413,605	322,574,195	324,145,738	319,706,724	321,243,659

（出所）荒川区資料より作成．

する補助と中間処理に対する補助からなる．古紙の場合，市況が7.5円未満の場合に，雑誌類について市況との開差について5円を限度に，段ボールについては1円を限度に補助する[4]．びん，混合缶，PETボトル，白色トレイについては，収集運搬・資源化費用を補助する．

表5-8 荒川区資源回収の量と経費（行政・集団別）

年　度	2003	2004	2005	2006	2007	2008	2009	2010	2011
行政回収量（t）	4,544	3,660	3,046	1,767	615	384	329	302	298
集団回収量（t）	6,740	7,616	8,349	9,981	11,678	11,828	11,587	11,339	11,283
資源回収量（t）	11,284	11,276	11,395	11,748	12,293	12,212	11,916	11,641	11,581
リサイクル事業経費(千円)	441,340	432,660	435,460	390,450	384,880	434,180	439,900	421,810	427,760

（出所）荒川区資料より作成．

　このように，集団回収に一本化する場合，それはリサイクルのラストリゾート（最後の拠り所）として，行政サービスに近い性格を持たざるをえないから，市況が悪化した場合にも回収・資源化事業を安定的・継続的に行えるように，逆有償物については業者に対する金銭的な支援を必要とするのである．

　表5-8は，行政・集団回収別の資源回収量と事業経費の推移を示す．モデル回収が全区域に拡大された2007年度に，資源回収量は500 t以上増加した．しかしその後，回収量は減少傾向にある．景気低迷や情報端末の普及，活字離れにより新聞・雑誌の購読が減少していることが主因と見られる．

　表の下欄のリサイクル事業経費には，資源の収集運搬費，リサイクル団体報奨金・支援金，業者補助金，区職員人件費などが含まれる．当該経費はモデル回収の拡大につれて減少傾向をたどってきたが，ＰＥＴボトルと白色トレイの回収を区内全域で実施した2008年度に増加し，市況悪化で古紙回収補助金がふくらんだ2009年度には，集団回収モデル事業開始年度のそれと肩を並べた．その後は，市況の落ち着きとともに抑制気味に推移している．

(4) 新たな資源回収品目の検討へ

　荒川区の区民1人当たり集団回収量は23区の中でも首位であるが，1人当たり資源回収量については23区平均を下回り，資源回収率は20％を若干下回る．資源回収率を引き上げるには，分別の徹底，資源回収品目の拡充などが必要と区は判断し，区民のごみ・資源排出実態を調査することとした．

　区は2010年7月の8日間，モニターとして協力してくれる116世帯に，可燃ごみ，不燃ごみ，資源物の別に色分けした指定袋を配布し，平日の毎朝調査員が訪問回収してごみの量と組成を分析した．その詳細については省くが，モニターに

対して実施したアンケート調査では，集団回収の利用状況について，回答者全体の9割が「利用している」(84%)または「時々利用している」(6%)と答えている．また，今後集団回収に追加するとよいと思われる品目については，全体の半数近い回答者が衣類・古布をあげていた．

この調査結果を受けて区は，可燃ごみに混入している紙製容器包装類，不燃ごみに混入しているびん・缶について，分別の徹底を広報やイベントを通じて区民に働きかけている．また，新たな資源品目の追加についても検討中で，1町会とマンション数棟において古布の回収を試行して，回収状況のデータを集めているところである．

荒川区では近年，マンション建設に伴い人口が急増している．町会と連携しつつ，マンション住民や管理会社に，集団回収への参加の働きかけを強化することも欠かせない[5]．集団回収や地域活動への参加拡大を，新旧住民間の交流や地域の絆の強化に結び付けることが期待されている．

4　中野区の古紙集団回収一元化への取り組み

全資源品目を集団回収に移行すると，行政回収コストは大幅に削減されるが，セーフティネット構築に新たなコストを要する．そこで，有価性の高い古紙に限定して集団回収一元化を導入し，大きな経費削減効果をあげたのが中野区である．最近，目黒区も追随している．

中野区（人口約31万人）では，町会加入率の低下傾向，町会役員の高齢化に直面するなかで，資源回収活動を地域活動活性化の起爆剤にしたいという思いから，町会連合会が古紙回収の集団回収一元化の取り組みを各町会に働きかけ，区に提案した．これを行政コストの削減とリサイクル意識の向上をめざしていた区が受け入れ[6]，資源回収業者の協力を得ることで，2005年9月から4町会で区の古紙回収停止モデル事業が開始された．

このモデル事業では，従来の集団回収と区の回収を合わせた以上の量の古紙が集団回収のみで回収され，町会役員による見回りもあって持ち去りがなくなった．また，地域住民の町会に対する認識も高まった．

そこで，区と町会連合会は連携しつつ，古紙の行政回収を停止する地区を順次

拡大し，2007年4月には23区で初めてとなる古紙全区域集団回収移行が実現した．区の担当者によると，モデル事業を開始した当時，行政・集団両建てで古紙回収が行われていたが，行政回収の積載率が低下して単位当たりコストが高くなっていたので，集団回収一元化を急いだという．

集団回収は，週1回の頻度で実施される（**写真5-4**）．回収曜日の午前8時過ぎ，町会が民・民で契約した業者が回収にやってくる．東中野5丁目地区[7]で回収の様子を視察すると，業者は新聞（平ボディ車），雑誌（同），段ボール（小型プレス車）の品目ごとに3台の車両を用いて回収にあたっていた．この業者の場合，紙問屋として選別業務も担うので，回収段階で丁寧に分別することでストックヤードでの手間を省くねらいとみられる．

写真5-4 東中野の古紙回収場所

集団回収一元化に伴い，古紙の回収率が高まった．**表5-9**に示すように，区の資源回収率は古紙の集団回収一元化の進展とともに上昇し，2008年度からは容器包装プラスチックの分別収集も加わって，現在28%程度と23区トップクラスである．

表5-9 中野区の資源回収量（行政・集団別）

（単位：t）

年　度	2005 (モデル開始)	2006	2007 (全区集団回収)	2008	2009	2010	2011
行政回収量	10,301	7,382	5,055	7,090	8,391	7,826	7,782
うち古紙	6,137	3,212	0	0	0	0	0
集団回収量	10,628	14,553	18,483	17,978	17,091	16,427	16,213
うち古紙	10,358	14,214	18,065	17,577	16,726	16,028	15,774
資源回収量	20,929	21,936	23,538	25,069	25,481	24,253	23,995
資源回収率	21.0%	22.2%	24.4%	26.8%	28.1%	27.7%	27.6%

注）資源回収率＝資源回収量／（区収集ごみ＋資源回収量）　　資源回収量＝行政回収資源＋集団回収資源
（出所）表5-9，表5-10とも中野区資料．

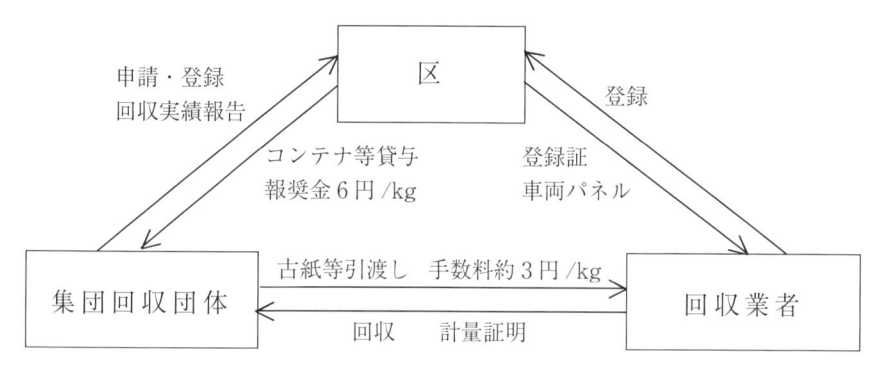

```
            申請・登録              区
            回収実績報告    ┌─────────┐
         ┌─────→│         │←─────┐
         │      │         │      │
         │      └─────────┘      │ 登録
         │   コンテナ等貸与   登録証 │
         │   報奨金6円/kg  車両パネル│
         ↓                        ↓
    ┌─────────┐ 古紙等引渡し 手数料約3円/kg ┌─────────┐
    │集団回収団体│ ────────────→ │ 回収業者 │
    │         │ ←──────────── │         │
    └─────────┘  回収  計量証明   └─────────┘
```

(出所) 中野区からの聞き取りに基づいて作成.

図5-4 中野区集団回収のフロー

　中野区集団回収の特徴の1つは，町会が区から受け取った報奨金6円/kgの中から，3円/kg程度の手数料を回収業者に渡すことである (**図5-4**). 町会連合会は，官 (補助金) に頼らず民主導で集団回収を拡大し，地域活性化につなげたいとして，進んで町会の方から回収業者への手数料の提供を提案した. 業者手数料は，資源の市況が悪化しても，安定的・継続的にすべての古紙品目を回収してもらうためのセーフガードの役割を担っている.

　町会が区から交付を受ける報奨金のうち，業者手数料を差し引いた残額は，町内いっせい清掃，年末のパトロール，防災訓練，啓発用エコバッグの配布，敬老祝い，もちつき大会など地域行事の財源として活用されている. 集団回収団体の数は，2005年度の202団体から年を追って増え続け，現在223団体となっている.

　中野区では若者を中心に，転出入を合わせ年間3割もの人口が移動する. そうした状況のもとで，集団回収を通じて若者たちが地元の町会についての認知度を高め，加入率が高まったという.

　ここで，**表5-9**と**表5-10**を見比べながら，古紙の集団回収一元化による経費削減効果を確認しておこう. 行政回収停止のモデル事業が始まった2005年度において，古紙の行政回収量約6000tについて売却益を除いた実質的な経費が約2.8億円，これに対して集団回収量約1万tについての経費は約8500万円にとどまっている. 単位当たりの経費は，行政回収の47.9円/kgに対し，集団回収の方はわずか8.2円/kgにすぎない.

表5-10 中野区の古紙回収経費

(単位：千円)

年度	2005 (モデル開始)	2006	2007 (全区集団回収)	2008	2009	2010	2011
行政回収経費	294,018	137,911	0	0	0	0	0
行政回収売却益	13,976	23,557	0	0	0	0	0
集団回収経費	84,807	99,879	142,689	121,434	116,718	112,157	109,530
古紙回収経費	364,849	214,233	142,689	121,434	116,718	112,157	109,530

注) 1. 行政回収経費は，選別処理経費など回収に伴い行政が負担する経費を含む．
　　2. 古紙回収経費＝行政回収経費－行政回収売却益＋集団回収経費
　　3. 経費には人件費を含む．

　古紙回収経費全体の推移を見ると，行政・集団両建てで回収していた2005年度の約3.6億円から，行政回収停止が進んだ2006年度に約2.1億円，全区域集団回収一元化が始まった2007年度には約1.4億円，直近では約1.1億円にまで縮減している．区の古紙回収経費は，両建てのときと比較して3分の1以下に減少したのである．

　このように，古紙の集団回収一元化では大きな経費節減効果をあげたが，近年ごみ減少傾向の鈍化，資源回収率の伸び悩みに直面している．そこで区は，「なかの　ごみゼロプラン」の副題を付けた一般廃棄物処理基本計画の減量目標に近づけるには，「家庭ごみ有料化など一歩踏み込んだ施策が必要[8)]」と考えているようである．

5　練馬区の施設整備による資源化推進

　近年，古紙排出量の減少や持ち去り行為の横行などにより，多くの区が資源回収率の伸び悩みに直面している．そうした状況のもとで，新たな資源化に取り組むことにより，ごみ減量・リサイクル推進の成果をさらに押し上げるには，それを可能にする施設の整備が欠かせない．

　その点で，他区から羨望の目で見られているのが練馬区（人口約71万人）である．区は資源化推進の中核的拠点として，粗大ごみや資源の持ち込みもできる施設（ストックヤード）を確保するため，清掃事業移管後の早い時期から区内で適地を探してきた．その願望は6年前，従来農地として利用してきた約2000㎡の土

地を区に売却したいという谷原地区の地主からの申し入れによってかなえられた．

　2010年11月，用地取得費を含む総工費約14億円をかけた「練馬区資源循環センター」が竣工した．センターの建屋は，ストックヤード棟と事務・見学施設棟からなる．区はストックヤードで，粗大ごみの積み替えや再利用家具・ふとんの仕分け，粗大ごみからの金属部品の抜き取り，廃食用油からのバイオディーゼル燃料の精製などを行っている．センターは準工業地域にあり，用地を売却した地主宅のほかには近隣に住宅が存在しないので，収集車の出入りなどによる苦情が寄せられることはない．

　センターの運営は，区の外郭団体「（公財）練馬区環境まちづくり公社」に委託している．政令指定市には環境業務を担う公社があることが多いが，特別区ではめずらしい．公社は，センターに89人の職員を配して，区の委託を受けて，センターの運営の他，容器包装プラスチックの回収（雇上車両を利用），粗大ごみの収集（同），集団回収の登録・回収量集計事務なども行っている．

　センターの資源化機能をもう少し詳しく見てみよう．まず，区民からの資源物や粗大ごみの回収・持込み拠点としての機能である．乾電池，紙パック，小型家電（9品目）は毎日，古布，なべ・やかん・フライパン，廃食用油は毎週日曜日に，それぞれ受け入れている．また，このセンターの供用に伴い，粗大ごみを事前申込みの上で自己搬入し，粗大ごみ処理手数料の割引きを受けることもできるようになった．

　収集した粗大ごみは，このセンターに搬入され，搬入された粗大ごみの中から金属製品や家電製品を抜き出し，工具を使って手作業で分解し，有用金属を含む金属部品を取り出す（**写真5-5**）．

　自転車の場合，タイヤのゴム部分など不用部分を取り除いた鉄製の本体部分を再資源化事業者に売却している．家電につい

写真 5-5　練馬区資源循環センター・廃家電分解作業

第5章　変革期を迎えた東京23区収集業務（前編）

ては、モーター、電子基板、コード類、複合金属などに分解・仕分けされる。炊飯器では、底部の巻銅線の取り外しまで行われていた。区内9か所に設置された小型家電回収ボックスで回収した携帯電話については、個人情報保護のため、穴あけ・カード抜き取りを行っている。

2011年10月からは、ストックヤード棟内にバイオ燃料精製機（**写真5-6**）を導入して、23区初となる精製事業を開始した。区内42か所の回収拠点で回収した使用済み食用油はここに搬入され、バイオ燃料に精製される。精製されたバイオ燃料は、区の収集車に使用される。なお、廃食用油の一部は、リサイクル業者経由で塗料の原料として用いられている。

ストックヤード棟に隣接して、リサイクル事業に関する資料や図書、映像資料、

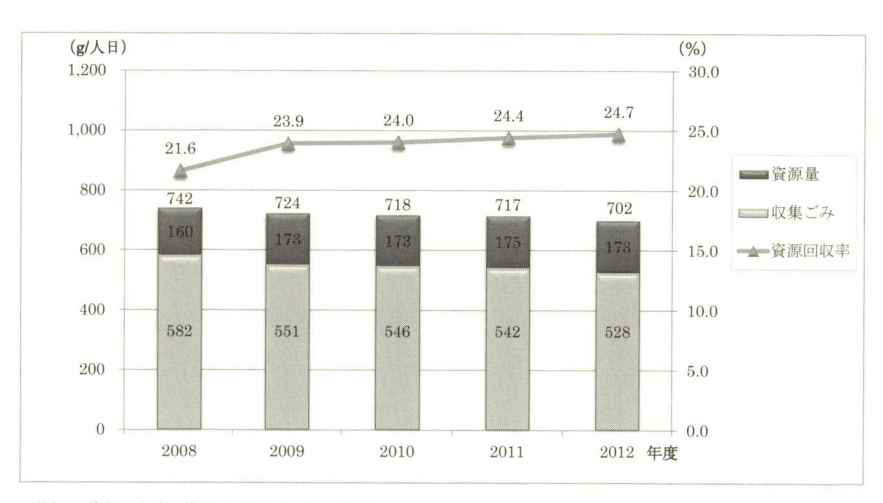

写真5-6　練馬区資源循環センター・BDF精製機

年度	収集ごみ	資源量	合計	資源回収率(%)
2008	582	160	742	21.6
2009	551	173	724	23.9
2010	546	173	718	24.0
2011	542	175	717	24.4
2012	528	173	702	24.7

注）1．資源回収率＝資源／（区収集ごみ＋資源）
　　2．ごみ発生原単位は1人1日あたりの発生量（＝資源量＋収集ごみ量）
（出所）練馬区資料．

図5-5　練馬区のごみ発生原単位と資源回収率

ストックヤード内の作業を視聴できる学習・見学施設も付置されており，区の取り組みについて区民が理解を深めることができるよう工夫が凝らされている．

粗大ごみからの資源回収率は，センターの供用開始や民間の粗大ごみ中継所での金属類回収の開始によって，粗大ごみからの資源化量が飛躍的に増大し，約20%へと高まった．

図5-5に示すように，練馬区の資源回収率は，2008年度の21.6％から2012年度の24.7％へと，容器包装プラスチックの分別収集開始（2008年10月）以降も，センター供用開始を経て，一貫して上昇傾向を保っている．1人1日当たりのごみ発生量についても年々減少しており，2012年度は23区で最も少ない区となった．資源化施設の整備に対する区の積極的な姿勢が，結果的に良好なごみ指標をもたらした，と筆者はみている．

注
1) 工場を持つ区と持たない区の間での焼却に伴う負担の公平化については，2010年度から金銭による調整措置を導入している．この制度では，自区内で処理すべき可燃ごみを処理できない区が可燃ごみ1tについて1500円を支払い，一定の処理基準を超えて他区のごみ処理を引き受けている区が受け取る．
2) ダブル作業の適用基準は，清掃事務所の収集担当エリアの中心点から16km以上が距離的な目安となるが，運搬経路の渋滞状況なども勘案する．
3) 23区の多くは可燃ごみを週2回収集とし，区域内を月・木，火・金，水・土の収集日ローテーションで区分けしている．
4) **表5-7**に見られるように，リーマンショックで古紙価格が大幅下落した2009年度に，古紙回収についての業者補助額は800万円以上にふくらんでいる．
5) 新たに転入してくる住民には，単身や共働きの世帯が多く，ライフスタイルが集団回収になじみにくい面もある．集団回収を補完する回収ルートとして，公共施設などを活用した常時排出可能な回収拠点の整備にも目配りが必要である．
6) 区は行政回収停止受け入れの要件として，①原則週1回の回収，②びん・缶集積所程度の数の回収場所設置，を町会連合会に求めた．
7) この地区は23区収集作業現場の縮図でもある．神田川畔に位置するので起伏に富み，しかも狭小路地が多い．可燃ごみの収集日と重なったので，8時過ぎから1時間ほど歩く間に，幅員の広い道路で収集職員3人体制の4t大型プレス車，やや狭い道路で収集職員2人体制の2t小型プレス車，狭小路地では軽小型貨物車と，多様な車両の収集作業に出会った．
8) 中野区「2011年度行政評価書」

第6章 変革期を迎えた東京23区収集業務（後編）
──今後の取り組み課題

　東京23区の収集業務は，2008年度におけるプラスチックごみのサーマルリサイクル実施（不燃ごみから可燃ごみへの区分変更・熱回収）を経て，いよいよ残された懸案事項である戸別収集の導入，家庭ごみ有料化，そして運搬請負契約の見直し，と本腰を入れて向かい合う局面に入ったと著者は考えている．

1　戸別収集方式への切り替え

(1) 戸別収集導入の経費と選好度

　戸建住宅を対象として，道路に面した敷地内にごみを排出してもらう戸別収集は，排出者責任を明確化でき，ごみ減量，分別改善，事業系ごみの明確化，カラス被害の減少，廃家電などの不法投棄の減少，高齢者の排出負担軽減などの効果があり，集積所の設置場所をめぐるトラブル対策にもなる．

　このように利点の多い収集方式であり，高齢化の進展や集積所トラブルの増加，日常化する不適正排出などに直面する各区にとって，関心度は高いようである．しかし，1軒ごとに収集することから，収集効率が低下し，収集車の増車や収集員の増員による収集運搬費の増加が導入のネックとなっている．

　そうした中で，品川区は，2001年度から開始したモデル地区での試行的な戸別収集で所期の効果が得られたことから，その対象世帯を順次増やし，2005年7月には17万4000の全世帯に拡大した．23区で初の可燃・不燃ごみ全域戸別収集であった．

　その戸別収集導入前後の収集運搬費の推移を**表6-1**に示す．戸別収集モデル事業開始前の2000年度との比較では，全域拡大後の2006年度の収集運搬費はわずか10％増となっている．2000年度は，区移管に伴う特殊要因が加わっているのかもしれない．そこで，ベース年度にモデル事業開始の2001年度をとると，収集運搬

表 6-1　品川区の戸別収集実施前後のごみ量・収集費推移

年　度		2000	2001 (モデル収集開始)	2002	2003	2004	2005 (戸別全域拡大)	2006
区収集ごみ量 (t)		93,473	92,277	90,292	90,050	86,993	85,104	84,438
	可燃 (t)	71,093	70,397	68,599	67,631	64,765	63,331	62,890
	不燃 (t)	19,776	19,787	19,927	20,447	20,247	19,717	19,446
	粗大 (t)	2,604	2,093	1,766	1,972	1,981	2,056	2,102
収集運搬費 (百万円)		934	792	1,071	1,057	1,005	1,122	1,028

注1) 2001年度における収集運搬費減少の主因は，ごみ減量に伴う雇上車5台の削減．
　2) 2002-3年度における収集運搬費増加は，品川清掃工場建替工事に伴う運搬距離の延伸．

費の増加率は30%となる[1]．

　同区のモデル事業について，戸別収集では集積所収集の1.75倍の収集時間がかかるとする調査結果がまとめられていた[2]．これに対して，土木事務所からの配置転換で収集作業の要員増を手当てし，雇上車の増車のみに経費増を抑制する対策をとった結果が，表6-1に見られるような収集運搬費推移につながったものである．

　東京二十三区清掃一部事務組合（以下，一組）が発行する『清掃事業年報(2012年版)』を見ると，品川区に次いで戸別収集の対象世帯数が多いのは北区で，およそ1.9万世帯をカバーしている．北区は，王子・赤羽・滝野川の3地区からなるが，2002年に，当時頻発した集積所放火対策として，狭小路地の多い滝野川地区を対象に，モデル事業として戸別収集を導入した．収集車が進入できない路地での収集作業には台車も用いられている．

　その北区では，王子・赤羽地区に住む一部住民の間に，戸別収集全域拡大を求める動きがある．しかし，区が実施した区民アンケート調査（表6-2）では，区民全体の戸別収集に対する選好度は必ずしも高くない．赤羽・王子地区では戸別選好度は22%にすぎない．

　これに対して，すでに戸別収集が実施されている滝野川地区では7割近い回答者が戸別を選好しており，戸建住宅居住者に絞れば，その比率は83%にも及んでいた．他の自治体における住民調査でも，戸別収集に対する選好度は，経験しない住民で低く，実施した地域で高く出る傾向が見られる．

表 6-2 北区の戸別収集アンケート調査結果

地　区	戸別がよい	集積所がよい	その他
赤羽（未実施）	21.8%	70.0%	8.2%
王子（未実施）	22.4%	66.9%	10.7%
滝野川（実施）	67.4%	24.4%	8.2%
滝野川戸建住宅	83.3%	11.1%	5.6%

注) 2012年8-9月実施、回答数1,604世帯.

　23区では，構造物を設置できず，歩道脇や路地にごみ袋を積み上げるだけの集積所が多い．そうした集積所は，住民による管理も不十分で，不適正な排出が日常化している．排出者責任を明確化できる戸別収集の導入は，各区収集業務における重要な取り組み課題であると思われる．

(2) 台東区の戸別収集全域拡大への胸算用

　「来訪者数日本一の観光都市はどこ？」と聞かれれば，たいていの人は「京都」と答えるが，正解は「台東区」．年間の観光客数は4000万人を上回る．上野・浅草地区は観光名所として名高いが，寺院や歴史的建造物の多い谷中地区も中高年に人気がある．

　その台東区が，2011年3月に策定した一般廃棄物処理基本計画に基づいて，2013年4月から3年がかりで全域戸別収集に着手した．区内を可燃ごみの収集曜日別に大きく3つの地区に分け，1年度につき地区の中をさらに4エリアに区分して，3か月ごとに戸別収集の対象エリアを拡大していく（**表6-3**）．こうして3年後には区内全域が戸別収集となる．各エリアとも，戸別収集開始の3か月前か

表 6-3　台東区の戸別収集拡大日程

戸別実施年度	可燃収集曜日	戸別開始月
2013	月・木地区	4月開始エリア
		7月開始エリア
		10月開始エリア
		1月開始エリア
2014	火・金地区	上欄に準ずる
2015	水・土地区	上欄に準ずる

ら清掃事務所の職員が各戸を訪問し，排出場所を事前確認することになる．

戸別収集の実施に伴い，実施前に約6000箇所あった集積所が徐々にばらされ，3年後の全域拡大の段階で，収集地点は8万5000か所となる．

区はすでに，2002年から戸別収集のモデル事業を竜泉3丁目地区で500余世帯を対象として実施してきた．このモデル事業では，戸別収集実施後，可燃ごみについて1人1日当たりの排出量が実施前と比べ11％減少し，不適正排出物の混入率も，不燃物が50％，資源物が42％減少している．不燃ごみについては，1人1日当たりの排出量が11％減少し，不適正排出物の混入率も，可燃物が36％，資源物が31％も減少している[3]．

区は戸別収集を実施するにあたり，若手の直営技能職員を新規に9人採用した．各区がこぞって技能職員の退職不補充をする中で，思い切った判断といえる．増車対応として車付雇上を採用しなかったのは，戸別収集の場合には収集しながら排出指導する必要も出てくるが，区職員でないと住民を指導できないことによる．

戸別収集への切り替えは，収集車両の増車と収集職員の増員を必要とするので，収集経費を増加させる．このことが，大部分の区をして，排出者責任の明確化や高齢化への対応，集積所設置のトラブル対策など，その利点に関心を寄せつつも，導入を躊躇させてきた．

その点について区の担当者に訊ねると，「経費増なしでやれるかもしれない」と意外な答えが返ってきた．マジックはこうだ．経費増要因として，収集職員増員に伴う人件費増と雇上車両増車に伴う雇上費増が考えられる．これに対して，まず経費減要因として，戸別収集に伴うごみ減量による一組分担金の削減[4]，そして収入増要因として，小規模事業所向け有料ごみ処理券（シール）の適正貼付よる増収が期待できる，と区の担当者は胸算用をする．

台東区には小規模な事業所が多いが，有料シールの貼付率はかなり低下している．戸別収集により事業所ごとに店先にごみを排出することになれば，貼付率が高まり，手数料の増収が期待できる．事業所に対する指導方法にもよるが，区が見込む手数料増収効果についての実現性は高い．

問題は，減量効果である．戸別収集への切り替えで，区が想定するように10％も減量するだろうか．減量効果はモデル地区では大きく出たが，本格実施となる

とそうはいかないかもしれない．モデル実施では，いわゆる「ホーソン効果[5]」が働くことにも注意する必要がある．

　行政がモデル地区の住民に対して，ごみ減量や分別・水切り改善の効果を調査するための参加協力を依頼すると，被験者の住民サイドが実験実施者の行政の意向を汲んで，その期待に応えようとする傾向がある．戸別収集には確かにごみ減量効果が認められるが，戸別を単独で実施した自治体での実績は，品川区を含め，数％程度にとどまることが多い．したがって，一組分担金の縮減は区の想定どおりにはいかないかもしれない．

　台東区では，スカイツリー効果もあって国内外の来街者で賑わいを増すなか，戸別収集方式の導入で国際観光都市にふさわしいきれいなまちづくりへの期待が高まっている．

2　各区比較指標の「見える化」と有料化の必要性

(1)　各区比較指標の「見える化」

　行政サービスは，区域内において地方自治体が独占的に供給する．ごみ処理サービスも，住民にとって選択の余地がない．地域独占供給者に効率化や品質改善の取り組みを促すための手段がヤードスティック競争である．著者は，ごみ減量に関して，多摩地域の自治体間で共通の指標を比較し合うといった間接的な競争が機能してきたとみている．多摩地域においては，最終処分場への自治体別搬入量割当制度と併せて，自治体間のヤードスティック競争が，家庭ごみ有料化の導入をもたらす契機となり，全国平均と比べて格段にすぐれたごみ指標（1人1日当たりごみ量や総資源化率など）の実現に寄与してきた．

　ヤードスティック競争の枠組みを簡単に示すと，次のようになる．

①地理，人口規模など一定の条件が類似した複数の団体のグルーピング

②比較のための成果指標の選定

③成果情報の収集

④成果情報の比較可能な形式での公開

⑤団体間での競争意識の醸成と改善の取り組み

　多摩地域の場合，これらの枠組みがすべて整っている．①については，人口規

模にばらつきはあるが，26市を一括りにグルーピングできる．②については，ごみ原単位や資源化率を成果指標として用いることができる．③，④については，多摩地域のすべての市町村が参加する東京市町村自治調査会が収集し，とりまとめたデータを公開しているので，あとは好成果の順に並べ替えて，比較作業をするだけである．

23区についてもこうしたスキームを導入し，区民が自区のごみ処理業務の成果について他区との比較で評価できるようにすることが望ましい．現状では，**表6-4**に示すように，23区の1人1日当たりごみ量指標は，多摩地域のそれと比べて見劣りする．23区の取り組みの相対的な遅れの背景として，東京湾への埋め立てによる危機意識の希薄化，人口過密による資源化施設の立地難，家庭ごみ有料化実施の遅れなどをあげることができる．

また，比較にあたっては，区部では小規模事業所の数が多く，事業系ごみの収集ごみへの混入量の違いも考慮する必要がある．しかし，そうした要因を念頭においた上で，23区と多摩のごみ指標を比較し，さらに23区の間でヤードスティック競争を導入して，各区区民・行政の間で競争意識を醸成することが有益である．

ヤードスティック競争を導入するにはまず，『清掃事業年報』に各区比較の可能なごみ原単位や，リサイクル率などのごみ指標を掲載することが必要である．23区は，区民から比較評価されることを躊躇すべきではない．むしろ，ごみ指標改善への推進力としてほしい．

参考までに**図6-1**で，区別に2012年度の区民1人1日当たり収集ごみ量の比較を行った．収集ごみ原単位は，小規模事業系ごみの混入量を反映して，大きな繁

表6-4　23区と多摩の1人1日当たりごみ量比較

年　度	23区				多摩地域			
	2009	2010	2011	2012	2009	2010	2011	2012
人　口	885万人	889万人	892万人	895万人	413万人	414万人	415万人	415万人
収集ごみ・資源 (A) (うち資源)	719g (108g)	702g (104g)	694g (103g)	681g (101g)	631g (158g)	618g (163g)	618g (163g)	614g (161g)
持込ごみ (B)	302g	288g	280g	287g	131g	122g	120g	120g
集団回収 (C)	64g	64g	63g	64g	59g	59g	59g	57g
ごみ排出量 (A+B+C)	1,085g	1,054g	1,037g	1,032g	821g	799g	796g	791g

(出所) 23区清掃一組「清掃事業年報」，東京市町村自治調査会「多摩地域ごみ実態調査」

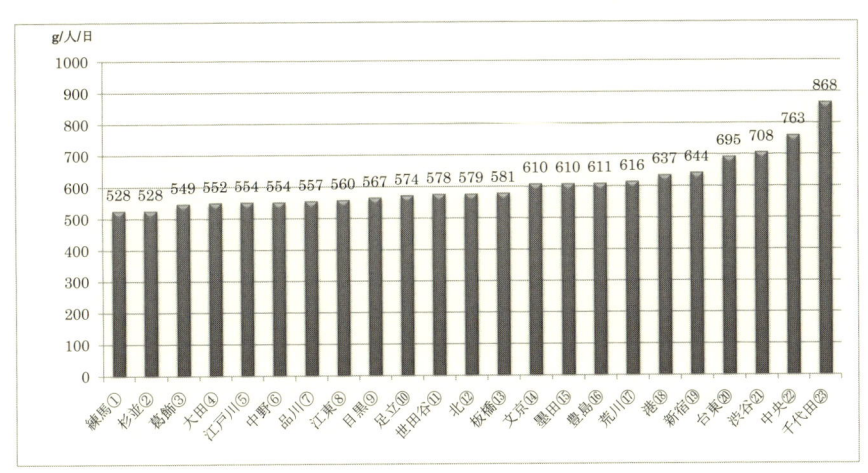

第6章　変革期を迎えた東京23区収集業務（後編）　　111

注）1．収集ごみ量は資源回収量を含まない．
　　2．区収集ごみ量÷住民基本台帳人口（2012年10月現在）÷365日で算定．

図6-1　区別1人1日当たり収集ごみ量（2012年度）

華街を抱える区で大きく，住宅地が大部分を占める区で小さく出る傾向が見られる．だからといって，区間の指標比較が役に立たないということではない．経年での比較を行えば，その点の補強が可能となる．

表6-5は，区別にこの5年間における1人1日当たり収集ごみ量指標上位10区の推移を示す．こうした順位や数値の経年推移を見ることによって，区の実績を

表6-5　区別1人1日当たり収集ごみ量ベスト10の推移

（単位：g）

年度	2008		2009		2010		2011		2012	
1位	杉並	565	練馬	551	練馬	546	杉並	540	練馬	528
2位	江戸川	576	杉並	554	杉並	548	練馬	542	杉並	528
3位	葛飾	581	葛飾	570	葛飾	553	葛飾	550	葛飾	549
4位	練馬	582	江戸川	571	江戸川	562	大田	557	大田	552
5位	大田	590	中野	571	大田	563	江戸川	558	江戸川	554
6位	中野	600	大田	576	中野	563	中野	562	中野	554
7位	目黒	602	目黒	578	目黒	570	品川	562	品川	557
8位	品川	611	江東	581	品川	577	目黒	570	江東	560
9位	北	614	品川	595	江東	579	江東	576	目黒	567
10位	板橋	619	北	599	板橋	594	北	585	足立	574

注）小数点以下は四捨五入．
（出所）23区清掃一組「ごみれぽ23」（各年度版）より作成．

区民が評価できるようになる．各区比較指標の「見える化」を通じた改善が求められている．

(2) 23区有料化がもたらす効果は大きい

　同じ東京都内にあって，家庭ごみ有料化については，多摩地域26市のうちすでに21市が実施し，今後も実施予定の市があるが，23区の中で実施に至った区は皆無である．この違いはどこからくるのか．筆者は次の3つの要因が大きいと考えている．第1に，最終処分場の切迫度の違い，そしてそれに起因する市民・行政の危機意識の差．第2に，23区において中間処理を一組により実施することによる共同歩調志向．第3に，都区財政調整制度を通じた安定的な財政基盤．

　では，23区にとって有料化を導入するインセンティブは本当に小さいのか．2008年のサーマルリサイクル実施や3R意識の浸透などにより，東京湾に都が所有する最終処分場の残余年数が約50年に延伸したとはいえ，有限であることには変わりなく，有料化によりさらなるごみ減量を推進する意義は大きい．

　そして，23区有料化の核心は中間処理にある．現在21か所の清掃工場で可燃ごみを処理しているが，この10年間，23区全体で収集ごみの減少傾向が続いている．ごみ減少の趨勢は，23区にとって家庭ごみを有料化して中間処理費を大幅に削減する好機である．有料化によりもっと大きな減量を実現すれば，老朽化した清掃工場の更新が不要となり，巨額の更新経費や維持管理費を節減できる．さらには，その跡地に有機ごみや粗大ごみ，容器包装プラスチックなどの資源化施設を整備する可能性も生み出される．

　多数の清掃工場を擁する一方で，資源化施設確保の困難に直面する23区こそ，家庭ごみ有料化の必要性が最も高く，有料化から得られる経費削減効果と，資源化推進効果のポテンシャルが最も大きい地域にほかならない．

3　急がれる雇上契約の見直し

(1) 23区収集業務が引き継いだ「負の遺産」

　「これはいわば利権の世襲にほかならない．特定の業者が独占的に仕事を確保し，同業者組合の中で仕事量が確保されるという状況においては，新しい事業者

が新規に参入をし創意工夫することで，サービスが向上したり，価格が合理的になっていくということがまったく期待できないシステムです．業界の体質改善，発展を図るためにもフェアな契約制度に改める必要があります[6]」

これは，ある区議会の2009年6月定例会における議員の質疑意見の一部である．答弁にあたった環境清掃部長はこう述べている．

「清掃事業は移管されて十年，身分切り替えから4年目，そして平成20年からは収集方法も大きく変えて，清掃事業の

写真6-1 雇上車両を用いた区の収集

今後のあり方を本格的に問う段階になってきたと認識しています．ただ，そういう中でも，移管事業に特殊なさまざまな課題があることも事実で，それをできるところから，区民サービスの向上に一つずつ取り組みながら23区で協調しながら必要な見直しを積極的に進めてまいる，そのことに決して逡巡しているものではございません」

この「特殊な課題」の最たるものが，23区と一組の名において東京二十三区清掃協議会（以下，清掃協議会）が特定の団体に所属する雇上業者だけを対象として締結するごみの運搬請負契約である．

この契約では区は，運転手付きで清掃車両を民間業者から雇い上げる．雇い上げた車両と連携して，区清掃職員がごみ排出場所での収集作業を行う（**写真6-1**）．**表6-6**に示すように，雇上車両の配車台数は，収集ごみ量の減少傾向に伴い，

表6-6 雇上契約に関係する区収集ごみ量と雇上契約台数の推移

年　度	2000	2001	2002	2003	2004	2005	2006	2007	2008	2009	2010	2011	2012
ごみ量（万t）	241	237	233	233	227	224	215	207	197	191	188	186	185
雇上車	1,990	1,923	1,860	1,813	1,765	1,694	1,406	1,377	1,334	1,122	1,158	1,186	1,235

注）雇上契約に関係するごみ量を示すため，2005年度までは可燃・不燃・粗大ごみ，2006年度以降は可燃・不燃ごみとし，管路ごみは通年除外した．
（出所）ごみ量は一組「事業年報」，雇上契約台数は清掃協議会資料．

清掃事業が区に移管された2000年度の1990台から,近年では1200台程度にまで減少している.ごみで減車した車両は雇上業者が区から受託した資源回収業務などで用いられている.

(2) 雇上契約「覚書」に至る経緯

東京のごみ収集処理は明治期から民間業者により実施されてきたが,1934年に東京市が全市市営化を実施するにあたり,直営で対応できない一部区についてこれら民間業者による請負制を導入した[7].戦後,ごみ量の増大に直面した東京都はこれら50余の請負業者を清掃業務の協力者として位置付け,運転手付きで収集車両の雇上契約を毎年結んできた.この間,東京都清掃局のパートナーとして,雇上業者がごみ収集業務の機械化,車両設備の増強を推し進め,衛生面や安全面に配慮した安定的な収集運搬サービスの提供に一定の実績をあげてきたことは否定できない.

都区制度改革の一環として,これまで都が担ってきた清掃事業を23区に移管するにあたり,雇上契約のあり方について都区協議会で話し合いが行われ,1986年に,「雇上業者の選定にあたっては,これまでの歴史的沿革を十分尊重し,現行方式を継承する」ことを了承している(以下,**表6-7**を参照).

表6-7 覚書・確認書締結と見直しの経緯

1986年 2月	都区協議会了承事項「雇上業者の選定にあたっては,これまでの歴史的沿革を十分尊重し,現行方式を継承する」
1994年 9月	都区協議会「対応策」まとめ「清掃車両の雇上げについては…過去の実績を踏まえて業者を選定する」
2000年 3月	都と区「覚書」締結: ①車両雇上げの選定は清掃協議会が「過去の実績等を踏まえて」行う ②雇上契約は清掃協議会,履行確認・料金支払い等は各区・一組が行う ③見直しは,区と一組(清掃協議会),関係事業者,都で協議する
2003年 11月	区長会が助役会に「覚書」の見直し検討を下命
2004年 8月	区長会方針「各区が直接処理する方向で検討を進める」
2005年 1月	助役会が検討結果報告: ①雇上契約は各区契約に改める ②すべてのごみ種について新規参入できるものとする
2005年 11月	区と雇上業界,都「確認書」取り交わし: ①2006年度以降,資源・粗大収集を各区契約とすることができる ②上記契約は,当分の間,雇上会社・団体との契約とする ③「覚書」の見直しについては,引き続き関係者間で協議を行う

また，1994年の都区協議会では，「特別区が清掃事業を実施する場合にも関係事業者が引き続き営業が継続できることを目的として，関係事業者とのこれまでの協議を踏まえて」，「清掃車両の雇上げについては……過去の実績を踏まえて業者を選定する」とし，「関係事業者への対応について，都と特別区の間で覚書を結び，その実効性を担保する」といった内容の「対応策」をまとめている．

　清掃事業の区移管を目前に控えた2000年3月，都と特別区は「対応策」に盛り込まれた「覚書[8)]」を締結した．その主な内容は次のとおりである．

①車両雇上の選定は清掃協議会が「過去の実績等を踏まえて」行う
②雇上契約は各区・一組を代理して清掃協議会が行い，契約後の履行確認・料金支払いなどは各区・一組が行う
③区移管の一定期間経過後，見直しの必要が生じた場合は見直すこととし，区と一組（清掃協議会），関係事業者，都で協議する

　「過去の実績等を踏まえ」た選定とは，業界団体「東京環境保全協会」（および加入者を同じくする「東京都環境衛生事業協同組合」）会員の雇上会社（現在51社）との特命随意契約の締結を意味する．

　当時の都の考え方については，すでに担当者が退職しており，記録された文書も存在しないから，推測するほかない．都の立場は，長年にわたってその清掃行政に協力してきた，実績のある雇上業者とのパートナーシップを23区に継承してもらうことで，区移管後も円滑な業務遂行ができる，というものであった．雇上業界としては，各区との個別契約に移行すれば競争導入により経営に大きな影響を受けかねないから，清掃協議会との一括契約を望んだ．都はそうした業界の意向も汲んで，契約窓口を清掃協議会に一本化することで，都所管時代からの独占供給権を維持できるように覚書の締結に持ち込んだ，と筆者はみている．

　23区としては，都区制度改革により基礎的自治体としてのステータスを固めるためには，その固有事務である清掃事業は何としても移管してもらいたいから，雇上契約窓口の一本化を受け入れざるをえなかったのではなかろうか．

(3) 「覚書」見直しの取り組み

　清掃事業の区移管から3年目の2003年11月，区長会は助役会に対して覚書の見直し検討を下命した．その後，区長会からは，「清掃協議会で経過的に処理して

いる事務については，本来的には基礎的自治体の業務であるとの認識を持ち，各区が直接処理する方向で検討をすすめること」とする方針が示されている．見直しの背後には，覚書は都から区への円滑な清掃事業移管を目的として締結されたが，事業遂行の確実性や安全性に重きが置かれ，これからの清掃事業に必要な効率性の要素を欠いているとの認識があった．

　2005年1月，助役会は次のような内容の検討結果を報告した．
　①覚書締結から4年以上が経過し，社会経済状況の変化，各区での独自施策の展開，覚書の一部現状不適合から，見直しが必要である
　②雇上契約は各区契約に改める
　③各区契約の中で，すべてのごみ種について新規参入を行うことができるものとする
　④見直しの時期は2006年度を目途とし，関係者との協議を早急に開始する

　この検討結果を受けて，その年の秋，区・雇上業界・都の3者が覚書見直し協議に臨んだ．協議は難航し，取り交わされた「確認書」では次に示すように，区側の見直し要求はごく一部が受け入れられたにとどまった．
　①2006年度以降，資源・粗大収集運搬を各区契約とすることができる
　②上記契約は，当分の間，雇上会社・団体との契約とする
　③「覚書」の見直しについては，引き続き関係者間で協議を行う

　2006年度から資源と粗大ごみの収集運搬については各区が個別に契約を結べるようになったものの，その相手先は引き続き雇上会社またはその団体に限定することとされたのである．可燃・不燃ごみについては，見直しの成果をまったく引き出すことができなかった．協議の中では，雇上業界側から，仮に各区契約・競争導入に移行するなら，年末年始のピーク期対応として保有する予備車に投じた費用の補償が問題となる，との主張もなされた．

　その後，現在に至るまで，覚書の見直し協議は行われていない．基礎的自治体として，ごみ運搬業務の請負い業者を選定する権限を一片の覚書により制約されることは問題が多いといわざるをえない．自治体は，地方自治法の基本原則にしたがって，「最少の経費で最大の効果を挙げるようにしなければならない」（2条14項）のであり，そのために「常にその組織及び運営の合理化に努める」（同15項）ことが求められている．同法は，「効率性」の基本原則を自治体に遵守させるた

め，その契約方法についても競争入札を原則としている．

　いくつかの区には，地場の小規模な再生資源業者による区内での安定的かつ健全な資源回収システムを構築する政策的観点から，区が主導して設立した「リサイクル事業協同組合」が存在し，区から随意契約により資源回収業務の委託を受けている．

　一見すると雇上業界との関係に似ているようだが，区の政策的意図のもとで結成された団体との随意契約と，区の政策とは関係なしに結成された団体の会員会社に限定した随意契約とではその意味合いはまったく異なる．後者の場合には，区の政策的意図に反して，「効率性」や「機会均等」，「透明性」の確保などが阻害されることになるからである．23区は，基礎的自治体として，ごみ運搬請負契約の当事者としての権能を回復することが急務である．

(4) 雇上契約効率化の取り組み

　そうした状況のもとで，23区と一組・清掃協議会は，効率化の工夫として，①配車システムの構築，②特命随意契約下での競争メカニズムの導入，を行ってきた．①については第5章で取り上げたので，ここでは②について検討する．雇上契約は，特定の団体の会員を対象とした請負契約であり，特命随意契約にほかならない．しかし，随契対象の雇上全社に対して，競争的要素を取り入れた「最低価格同調方式」で毎年度，車種別見積り単価の入札を求めている．その手順は次のようである．

　①清掃協議会が予定価格[9]（車種別1日当たり単価，距離10kmで積算）を設定（非公表）
　②所定の会場で全社が車種別に距離10kmの見積り単価を記入した見積り書を提出
　③清掃協議会が最も低い見積り単価について，その妥当性を審査
　④清掃協議会が妥当と判断した最低見積り単価について，全社に同調の可否を確認した上で契約単価として採用

　こうしたプロセスを経て決定された契約単価の推移を，街中でよく見かける小型プレス車について，表6-8で確認しておこう．10年前に約5万円であった単価は，ほぼ毎年度低減し，現在約4.6万円となっている．請負契約の効率化は着実

表 6-8 雇上契約単価（小型プレス車、距離 50km まで）の推移

2003年度	2004年度	2005年度	2006年度	2007年度	2008年度	2009年度	2010年度	2011年度	2012年度	2013年度
50,010円	49,550円	49,450円	49,180円	49,360円	49,350円	49,240円	47,890円	47,070円	46,650円	46,140円

注）区は支払時に消費税相当額を含めて支払う．
（出所）清掃協議会資料．

に進展しているかに見える．

　しかし，同様な雇上契約を随意契約で実施しているいくつかの政令指定市の契約価格と比較すると，23区の契約価格の水準はかなり割高である．契約価格が割高となる要因の1つは，予定価格の積算において，最大の原価要素である人件費の積算基礎として，大企業の比重が高い人事院調査を参照しているところにある．小規模企業も広く対象とした国税庁調査とは年額100万円程度の差が出る[10]．

　特命随意契約下での競争メカニズムの導入には限界がある．新規参入の実績がない特定の団体に所属するすべての業者に受託が保証されている状況下での入札では，有効な競争はあまり期待できない．

(5) 待たれる収集運搬契約の適正化

　見直しの方向は，①基礎的自治体として当然具備すべき各区独自の契約権能の回復，②特定の団体に限定した請負契約を改めることによる，良質で安定的な業務遂行能力を有するすべての民間業者に対する均等な受注機会の提供，である．そのことは，収集運搬委託にあたって，雇上契約ではなく，車両・運転手・収集員のすべてを委託契約で調達することを可能にする．見直しにあたっては，雇上業界の経営にも配慮して，5年程度の移行期間を設け，各区が区内地区について徐々に新規参入者に参入機会を提供することが望ましい．

　見直し協議を再開する前に，協議を実りあるものとする観点から，外部の中立的・客観的な立場の専門家で構成される第三者委員会を立ち上げて，これまでの制度下での実績の検証と改善・見直しの検討を行い，区民にも積極的に情報を公開することとしてはどうか．

注
1）戸別収集を導入し，可燃ごみの収集回数を変更しなかった多摩地域都市の民間委託収集費の増加率もほぼこの程度であった．

2）各区が実施したモデル事業の調査結果については，山谷修作『ごみ有料化』（丸善，2007年），第12章を参照．
3）台東区清掃リサイクル課『2003年度一般廃棄物基礎調査報告書』
4）品川区が戸別収集を全域導入した当時の一組分担金は各区の「人口割」であったが，その後「ごみ量割」に変更されている．
5）ホーソン効果（Hawthorne Effect）は，1924～32年にシカゴの郊外ホーソンにあった電話機製造工場で，労働者の作業効率向上を図る狙いで実施された実験に由来する．この実験で被験者（労働者）は実施者（工場長）の期待に応えようとする傾向があることが明らかにされた．
6）杉並区議会2009年6月定例会議事録．
7）東京都『東京都清掃事業百年史』東京都環境整備公社，2000年，79～80頁．
8）正式名称は，「清掃事業の特別区移管にあたっての関係事業者（雇上会社）に関わる覚書」
9）予定価格は，運転手人件費，車両減価償却費，運送費（燃料費・車検費等），一般管理費（本社・営業所賃借料・事務社員給与等），適正利潤により積算．
10）ホームページを開設する雇上会社について従業員数を調べると，各社数十から百数十人程度であった．

第7章 ごみ減量による中間処理費削減

　全国各地において，焼却施設の老朽化が進んでいる．こうした状況のもとで，有料化導入に伴うごみ減量による中間処理費削減の機会が広がっている．有料化実施でごみ量が減少したことにより，更新焼却施設の規模縮小や老朽施設の更新不要化などが可能となったり，また，さもなければ必要とされた経費を大幅に節減できた，あるいはそう見込まれる事例がいくつか出現している．

　本章の1節では，ごみ減量による焼却施設の規模縮小に伴う建設費縮減，および効率的な事業方式の採用による運営経費削減の事例を取り上げる．2節と3節では，有料化実施によりごみ量が減少し，老朽施設の更新不要となったことにより，大きな経費削減が見込まれる事例を検討する．

1　施設規模の縮小と効率的な事業方式の採用

(1) 中間処理施設の効率的な事業方式

　新規に焼却施設を整備するにあたっては，公共が施設を建設所有し民間事業者にその運転・維持管理を委託する従来型の事業方式ではなく，施設建設だけでなく竣工後の長期包括的な運営管理も一括して発注する効率的な事業方式の導入が，近年重要性を高めつつある．

　図7-1は，廃棄物処理施設における効率的な事業手法の導入状況を示す．1999年の民間資金等の活用による公共施設等の整備等の促進に関する法律（ＰＦＩ法）制定以来，廃棄物処理施設にもＰＦＩ（Private Finance Initiative）が導入されるようになったが，最近導入される手法はほとんどがＤＢＯ（Design-Build-Operate）手法である．従来型の民間委託方式と，近年注目されるようになった効率的な事業方式としてのＤＢＯ，ＰＦＩそれぞれの特徴を確認しておこう（**表7-1**）．

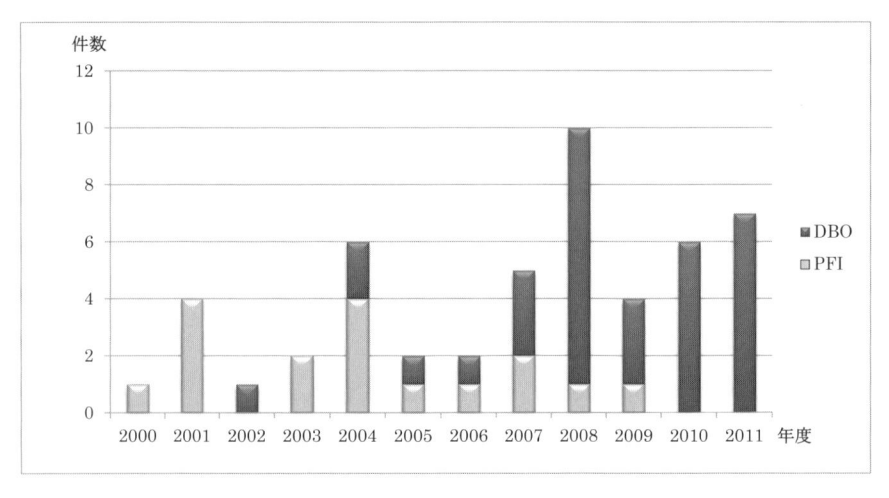

(出所) PFI/PPP 推進協議会資料より作成.

図 7-1　廃棄物処理施設における効率的な事業手法の導入状況

表 7-1　PFI 各方式と DBO 方式の比較

方式	形態	施設所有	資金調達	設計建設	施設運営
BOT 方式	民間事業者が自ら資金調達を行い，施設を建設 (Build)・所有し，事業期間にわたり維持管理・運営 (Operate) を行った後，事業終了時点で公共に施設の所有権を移転 (Transfer) する方式.	民間	民間	民間	民間
BTO 方式	民間事業者が自ら資金調達を行い，施設を建設 (Build) した後，施設の所有権を公共に移転 (Transfer) し，施設の維持管理・運営 (Operate) を民間事業者が事業終了時点まで行っていく方式.	公共	民間	民間	民間
BOO 方式	民間事業者が自ら資金調達を行い，施設を建設 (Build)・所有 (Own) し，事業期間にわたり維持管理・運営 (Operate) を行った後，事業終了時点で民間事業者が施設を解体・撤去する等の方式.	民間	民間	民間	民間
DBO 方式	民間事業者が施設設計 (Design)・施設の建設 (Build)・施設の維持管理・運営 (Operate) を行う．公共が資金調達を行い，設計・建設に関与し，施設を所有する.	公共	公共	公共／民間	民間

(出所) 環境省「廃棄物処理施設建設工事等の入札・契約の手引き」2006 年 7 月.

従来型公共事業は，多くの自治体で従来から行われてきた，施設の運営を自治体が行った上で運転・保守・管理の一部を単年度契約で民間委託する方式である．公共の事業責任が明確で，住民の信頼を得やすいが，プラントメーカーの子会社などに随意契約で委託することから，運営・維持管理費が割高となりやすい．

　ＤＢＯは，設計・施工・維持管理・運営を一括して民間事業者に委託する方式で，事業者の創意工夫により建設・運営費の削減が期待できるが，資金調達をすべて公共が行うところがＰＦＩと異なる．ＰＦＩに準じた手法と位置付けられている．

　ＰＦＩは，公共施設の建設・維持管理・運営について，民間の資金・経営能力・技術力を活用して実施する事業である．主な方式としてＢＯＴ（Build-Operate-Transfer），ＢＴＯ（Build-Transfer-Operate），ＢＯＯ（Build-Own-Operate）の3方式がある．ＢＯＴは，民間事業者が自ら資金調達を行い，施設を建設・所有し，事業期間にわたり維持管理・運営を行ったのち，事業終了時点で公共に施設の所有権を移転する方式である．ＢＴＯは，民間事業者が自ら資金調達を行い，施設を建設したのち，施設の所有権を公共に移転し，施設の維持管理・運営を民間事業者が事業終了まで行う方式である．ＢＯＯは，民間事業者が自ら資金調達を行い，施設を建設所有し，事業期間にわたった維持管理・運営を行ったのち，事業終了時点で民間事業者が施設を解体撤去する方式である．

　ＤＢＯやＰＦＩなど効率的な方式は長期にわたる事業となるため，その導入にあたっては，リスク分散のスキームを適切に契約の中に入れ込んでいくことが極めて重要となる．

(2) ごみ減量を受けた工場規模縮小による建設費縮減

　有料化や事業系ごみ手数料値上げのごみ減量効果による中間処理施設整備費削減の好事例は，福岡都市圏南部環境事業組合（以下，福岡南部組合）の新南部工場（仮称）の建設・運営事業に見いだせる．この事業は，老朽化した福岡市南部工場（**写真7-1**）の敷地内に，新たに福岡南部組合の新南部工場（**写真7-2**）を建設し，福岡市（主に南区），春日市，大野城市，太宰府市および那珂川町から排出される可燃ごみを焼却処理するとともに，焼却廃熱を利用して発電を行うもので，25年間運営を行うこととしている．

写真 7-1　福岡市南部工場

写真 7-2　新南部工場完成イメージ図

　この事業についての理解を深める上で，まず，この地域のごみ処理事情を簡単に振り返っておこう．福岡市は高度成長期にごみ量の急増に直面し，東部・西部地区の既存工場では処理しきれなくなり，南部地区にも工場建設の必要が生じたが，市内で適地がなかったので，近隣自治体と協議し，隣接する春日市域に南部工場（規模600 t／日）を建設（1981年竣工）し，同市の可燃ごみを受託処理することとした．それ以前から福岡市が処理受託してきた那珂川町の可燃ごみも，地理的に近い同工場で処理されることになった．

　また2003年からは，隣接する大野城市・太宰府市の可燃ごみ処理を行う焼却施設が休止し，両市の可燃ごみも南部工場が受託処理している．

　こうした連携のもと，関係4市1町は，南部工場の耐用年数経過後の可燃ごみを処理するための中間処理施設（工場）と最終処分場（埋立場）を共同で整備するために，2006年5月，福岡南部組合を設立した．福岡市南部工場の稼働は2015年度までとし，2016年度からは組合の新南部工場が供用を開始する．当初，組合

表7-2 福岡南部組合構成団体の可燃ごみ（要焼却）量

	2004年度	2012年度
福岡市	656,693 t	540,388 t
春日市	32,363 t	28,042 t
大野城市	26,789 t	25,302 t
太宰府市	19,881 t	18,883 t
那珂川町	16,589 t	15,665 t
合　計	752,315 t	628,280 t

注）福岡市のごみ量には上記4自治体以外からの受託分を含む．

設立時点のごみ量に基づいて工場規模600 t／日，建設費約240億円を見込んでいた．

しかし，福岡市が2005年度に事業系ごみ処理手数料値上げと家庭ごみ有料化を相次いで実施し，春日市もその翌年度に家庭ごみを有料化したことなどにより，この地域のごみ量が大きく減少した（**表7-2**）．これを受けて，その後，工場規模を510 t に縮小したために，建設費見込み額は約204億円へと当初見込みと比べ約36億円削減され，組合運営のための構成市町の負担額も大幅に削減した．

(3) DBO方式採用による効率化

新南部工場については，PFIに準じた手法の採用により，運営・維持管理費などの大幅な削減が見込まれている．同工場の処理方式はストーカ式，建設・運営方式はDBO方式で行われる．処理方式や事業方式の選定は，組合内部に諮問機関として4市1町の局部課長と組合事務局長で構成される建設検討委員会を設置し，その下に学識者で構成され，処理方式を含め施設建設を検討する建設専門部会，事業方式を検討する経営手法専門部会を設けて行われた．

このうち，経営手法専門部会によるDBO方式選定までのプロセスの概要をたどってみよう[1]．部会は2008年10月から1年かけて7回開催された．第2回部会では，①従来型公共事業（民間委託方式），②DBO，③PFI（BOT・BTO）の3方式を検討対象とすることを決めている．PFIにはBOO方式もあるが，この方式は料金収入や事業収入により運営する独立採算型で多く見られ，ごみ処理施設にはなじまない，としてしりぞけられた．

第3回部会では，各事業方式のVFM（Value for Money）算出による定量的

評価結果が示された．ＶＦＭは，民間委託（従来型）と比較しての，サービス（Value）を変えずに，新たな事業方式により支払額（Money）を節減できる比率で示される．各事業方式のＶＦＭは，いずれの処理方式についても，「ＤＢＯ＞ＢＴＯ＞ＢＯＴ」となった．ＰＦＩのＶＦＭがＤＢＯのそれを下回るのは，金融機関からの借り入れ利息がかさむことによる．ＢＯＴのＶＦＭが最も小さくなるのは，施設を民間所有することで，不動産取得税，固定資産税，都市計画税などが課税されることによるものである．ここにおいて，ＰＦＩ２方式の比較でＢＯＴの劣位は決定的となり，その後，しりぞけられることとなった．

第５回部会では，定性的評価について協議がなされ，評価指針を，①適正で安定的な処理処分，②信頼性と安全性の確保，③エネルギーの効率化を含む環境への配慮，④環境教育や啓発に向けた環境情報発信機能，⑤競争性の確保，⑥財政負担の平準化，の６項目として評価を行った．その結果，①と②については民間委託，③，④，⑤についてはＤＢＯおよびＢＴＯ，⑥についてはＢＴＯが優位との結論に至った．

この部会では，総合評価に向けた協議も行われ，定量的評価ではＶＦＭでＤＢＯが最も優位であるが，定性的評価についてはどの評価項目を重視するかで評価が異なるため，構成市町サイドの行政的見地からの意見も参考とすること，とされた．

第６回部会においては，施設規模を600ｔ／日から510ｔ／日に変更したことに伴う定量的評価の見直しが行われた．その結果，事業方式間でのＶＦＭの差は縮小したものの，「ＤＢＯ＞ＢＴＯ＞民間委託」という優先順位に変化はないことを確認した．ＤＢＯの採用により，民間委託と比べ約18億円の削減（その大部分は運営・維持管理費の差）が可能と見積もられた（**表7-3**）．

この部会では，総合評価の手順について，廃棄物処理施設に最も求められる「安全性」・「継続性」が従来からの民間委託方式と同様に確保されることを明確にした上で，ＶＦＭの評価をすることとした．

最後の第７回部会では，中間処理施設の事業方式について，ＤＢＯ方式を採用することが望ましい，とする総合評価結果をとりまとめ，建設検討委員会に意見書を提出することとした．総合評価の基礎となった事業方式間の比較評価の結果は次のようであった．

表7-3 事業方式の定量的評価

項　目		民間委託	DBO	BTO
収入	環境省交付金	47.6 億円	47.6 億円	47.6 億円
	事業収入	87.4 億円	87.4 億円	87.4 億円
	計	135.0 億円	135.0 億円	135.0 億円
支出	建設工事費	204.0 億円	204.0 億円	204.0 億円
	運営・維持管理費	245.0 億円	205.8 億円	205.8 億円
	光熱水・燃料・薬品費等	43.3 億円	43.3 億円	43.3 億円
	組合人件費	30.1 億円	12.4 億円	12.4 億円
	地方債利息	19.1 億円	19.1 億円	19.1 億円
	民間資金借入利息	—	1.4 億円	5.5 億円
	その他（リスク調整費，モニタリング費，SPC費用，法人税等）	3.7 億円	32.2 億円	34.7 億円
	計	545.2 億円	518.2 億円	524.8 億円
公共負担額		410.2 億円	382.2 億円	389.8 億円
現在価値化（割引率2.3%）		289.3 億円	271.5 億円	273.7 億円
VFM		—	6.2%	5.4%

（出所）福岡市議会第5委員会報告資料より抜粋．

　DBOとBTOの比較では，BTOでは民間資金を活用することによるVFMの低下やリスクの増加，設置者が民間事業者となることに対する住民の不安感などが考えられるので，DBOが望ましいとされた．また，DBOと民間委託の比較では，民間委託が優位にある事業の継続性や住民理解については，DBOにおいてモニタリングの徹底，行政職員による住民対応などの対策をとることにより民間委託と同様の対応が可能であり，定量評価で優位なDBOが望ましいとされた．

　建設専門部会の意見書に基づき処理方式はストーカ式焼却方式とし，事業方式をDBO方式により実施することとして，総合評価一般競争入札により優秀提案事業者を選定．2016年4月の供用開始をめざして現在施設建設中であり，運営期間は2041年3月までの25年間としている．長期にわたり民間のノウハウが活かされることから，落札事業者の提案に基づく財政支出削減効果は約140億円にも及んでいる[2]．

この事業では，効率的な施設運用を促すことをねらいとした報償契約の導入も注目される．新南部工場には熱回収施設が設置され，1万6700kWの発電出力を予定している．発電電力は組合に帰属し，工場内の使用で余った電力は電力会社に売電される．その際，組合と施設の運用を担う特別目的会社（ＳＰＣ）との間で報償契約が締結され，効率的な発電施設運用によりごみ1t当たり発電量が定められた基準を上回った場合，基準を超過した分の売電収入の20％をＳＰＣに支払う委託料に加算することとしている．

(4) ごみ減量を事業戦略に活かす

　この広域事業連携の中心となった福岡市にはすでに，2005年に供用開始した東部工場の整備・運営について，発電技術と民間の経営能力を有する九州電力との共同出資になる（株）福岡クリーンエナジーを通じたＰＦＩ的な手法についてのノウハウの蓄積があった．それを新南部工場の整備・運営契約の設計に活かし，発電施設運用への報償契約導入の工夫も生み出したのである．自治体ごみ行政も，ごみ減量を効率的な事業展開に結び付ける戦略的な手腕が問われる時代に入ってきたといえる．

2　札幌市の清掃工場建替え不要化

　いくつかの大規模都市において，有料化実施後のごみ減量により，複数ある清掃工場のうち老朽化した1工場を建て替えずに廃止して，将来にわたって大きな経費節減効果を見込める状況が出現してきた．本節では，北海道札幌市における家庭ごみ有料化実施後のごみ減量を受けた清掃工場建替えの不要化による中間処理費削減について取り上げる．

(1) 基本計画が打ち出した「減量による工場建替え不要化」

　札幌市は従来，4工場体制でごみを焼却処理してきた．そのうちの篠路清掃工場（処理能力600t／日）（**写真7-3**）は1980年の竣工で老朽化がかなり進んでいたが，建替えには巨額の費用を要することから，毎年相当額の修繕費をかけることで2017年度までの稼働を予定していた．

2008年3月に策定された「スリムシティさっぽろ計画」は，ごみ減量の推進施策を主柱として家庭ごみ有料化と併用施策の実施を盛り込み，「焼却に伴う環境への負荷を軽減し，また，焼却にかかる処理費用を削減するために，焼却ごみの量を減らして清掃工場1つの廃止を目指

写真7-3　篠路清掃工場

していきます」と，明示的に減量による更新不要化を打ち出していた．計画では，篠路工場の更新不要化に向けて，建替えの要否を判断する2010年度と寿命を迎える2017年度について，2004年度比で，焼却ごみの減量目標を次のように設定した．

- 2010年度までに16万t減量（中間目標）
- 2017年度までに24万t減量（最終目標）

この計画どおりに焼却ごみを減らせれば，篠路工場の建替えは不要となる，と想定された．

しかし，2009年7月から実際に家庭ごみ有料化を導入すると，焼却ごみは予想を大きく上回って減量した．図7-2に示すように，有料化翌年の2010年度には，2004年度比で約26万t減の約44万tになった．最終目標が7年前倒しで達成されたのであった．大幅なごみ減量を受けて，市は2010年4月から篠路工場を休止し，翌年3月末をもって廃止した．

「スリムシティさっぽろ計画」は，焼却ごみ量のほか，廃棄ごみ量全体，家庭から出る1人1日当たりの廃棄ごみ量，リサイクル率，埋立て処分量の5指標を管理目標として設定したが，中間目標を上回る水準にある家庭から出る1人1日当たりの廃棄ごみ量と，リサイクル率を除く3指標がすでに最終目標を達成済みである．工場廃止による経費削減に触れる前に，札幌市の有料化実施でもたらされた家庭ごみの減量効果と，それを生み出した要因，つまりごみはどこへ行ったのかを確認しておこう．

表7-4は，札幌市のごみ量の推移を示す．札幌市が「廃棄ごみ」と呼ぶのは，可燃・不燃・粗大などの資源以外のごみで，家庭系のそれはA欄に記載．参考欄

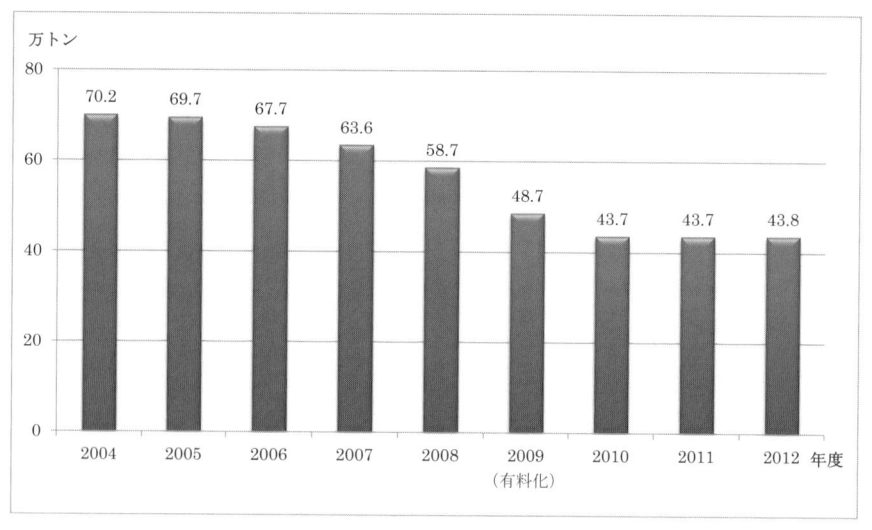

(出所)札幌市環境局「スリムシティさっぽろ計画年次報告書(2012年度版)」.

図7-2 札幌市の焼却ごみ量の推移

(2004: 70.2, 2005: 69.7, 2006: 67.7, 2007: 63.6, 2008: 58.7, 2009(有料化): 48.7, 2010: 43.7, 2011: 43.7, 2012: 43.8 万トン)

表7-4 札幌市家庭系ごみ量の推移

(単位:t)

年度	2008	2009 (有料化)	2010	2011	2012
人口(人)	1,898,473	1,904,278	1,914,434	1,921,935	1,928,776
可燃・不燃・粗大等(A)	416,846	341,359	282,638	289,810	291,033
資源(集団回収等除く)(B)	50,234	98,697	120,775	109,674	109,384
家庭ごみ排出量(A+B)	467,079	440,055	403,413	399,484	400,418
1人1日当たり可・不・粗等ごみ量(g)	602	491 (-18.4%)	404 (-32.9%)	412 (-31.6%)	413 (-31.4%)
1人1日当たり家庭ごみ排出量(g)	674	633 (-6.1%)	577 (-14.4%)	568 (-15.7%)	569 (-15.6%)
(参考)事業系ごみ	280,819	240,287	227,352	216,455	213,483

注)1.カッコ内は有料化実施前年度比の減少率.
2.人口は10月1日現在における国勢調査ベースの推計数値.
3.四捨五入のため、合計数値とその内訳の計とが一致しない場合がある.
(出所)札幌市公式ホームページ・2012年度清掃事業概要.

に記載した事業系ごみも，その大部分が焼却される廃棄ごみである．

　有料化の導入により，翌2010年度の家庭系可燃・不燃・粗大等ごみ量は，導入前年の2008年度の約42万 t と比べて32%減の約28万 t に減量している．人口変動を中立化するために，1人1日当たりでみると33%減となる．これに対して，集団回収などを除く資源の量は，導入前年の2008年度の約5万 t から，導入翌年の2010年度には約12万 t に急増した．その主要な受け皿は，有料化の併用事業として新たに開始した雑がみと枝葉草の分別収集・資源化である．両品目の収集量だけで5.6万 t になる．このほか，従前からの分別収集資源量の1.5万 t 増加も寄与した．

　廃棄ごみと資源を足し合わせた家庭ごみ排出量の推移も確認しておこう．有料化導入翌年の2010年度の家庭ごみ排出量は，導入前年の2008年度の約47万 t と比べて14%減の約40万 t となっている．1人1日当たりでみても14%減となる．有料化に対応して，市民ができる限りごみを発生させない行動，排出しない行動をとったものと推察できる．

　事業系ごみについては，2002年度以降減少傾向が続いてきたが，家庭ごみ有料化と歩調を合わせ，減量対策を強化した．有料化直前の2009年4月，減量計画書提出や個別立入指導等を行う大規模建築物の対象を従来の延べ床面積3000㎡以上から1000㎡以上まで拡大した．また，資源化可能な紙や木くずの清掃工場への搬入制限を強化するとともに，資源化のための施設やルートを整備した．廃止された篠路工場の運転・維持管理要員は主に搬入時展開検査指導員に配置替えとなり，指導体制の強化が図られている．2013年1月から，搬入手数料が10kgにつき170円から200円に改定されたこともあり，事業系ごみ減量の一層の進展が期待されている．

(2) **ごみ減量による経費削減効果**

　さて，篠路工場廃止による経費削減効果額について，市はホームページで**表7-5**のような試算を公表している．新工場を建設した場合の建設費については，工期を6年として，竣工年度までの各年度の見込み額が示されている．また，維持管理費については，篠路工場を当初の稼働予定年度まで稼働させた場合の各年度見込み額（2009～10年度は実績）が示されている．単年度削減効果額は，各

表 7-5　篠路工場廃止の経費削減効果

(単位：百万円)

年　度	2009	2010	2011	2012	2013	2014	2015	2016	2017
建設費の削減効果額	0	0	10	385	755	3,595	8,689	17,136	6,430
維持管理費の削減効果額	300	900	1,300	1,300	1,300	1,300	1,300	1,300	1,300
単年度の削減効果額	300	900	1,310	1,685	2,055	4,895	9,989	18,436	7,730
累計削減効果額	300	1,200	2,510	4,195	6,250	11,145	21,134	39,570	47,300

注）１．維持管理費は人件費を含む．
　　２．当工場の売電収入は年間 1,000 万円程度にとどまるので，試算には反映していない．
（出所）札幌市公式ホームページ．

年度における建設費と維持管理費の削減額の合計である．

　篠路工場の廃止により，9年間の建設費削減額の累計は370億円，維持管理費削減額のそれは103億円で，合計すると経費削減効果額は473億円にも及んでいる．仮に新工場が2018年度から供用を開始し，30年間稼働するとすれば，その間の維持管理費も相当なものとなる．ごみ減量により可能となった工場建替え不要化は，将来にわたる莫大な経費削減の恩恵をもたらしたといえる．

　ごみ処理基本計画である「スリムシティさっぽろ計画」には，推進施策の柱の1つとして「清掃事業の効率化の推進」が盛り込まれている．その理由はこうである．

　「ごみ減量・リサイクルの取り組みや排出されたごみの収集・処理は，継続的かつ安定的に行うことが不可欠であり，そのためには，かかる費用を抑え，効率性を考慮することが重要です．また，家庭ごみの有料化の実施によって，手数料として新たな負担を求めることになるため，これまで以上に費用対効果を重視した事業運営を進めていかなければなりません」

　家庭ごみ有料化前年度から直近年度までのごみ処理経費はどのような推移をたどっているのであろうか．表7-6は，部門別ごみ処理経費の推移を示す．まず，ごみ処理経費全体については，有料化を実施した2009年度に，前年度と比べて約25億円も増加し，その後徐々に減少している．部門別にみると，大きく増加したのは収集運搬費と再資源化費である．

　収集運搬費は，雑がみと枝葉草の分別収集開始，有料指定袋の製造・流通費の発生を主因として約20億円増加した．しかしその後は，収集業務民間委託の拡大，

第7章　ごみ減量による中間処理費削減　133

表7-6　札幌市部門別ごみ処理経費の推移

(単位：千円)

年　度	2008	2009 (有料化)	2010	2011	2012
収集運搬費（A）	3,368,610	5,357,562	4,314,217	4,250,304	4,442,328
中間処理費（B）	3,388,033	3,384,270	3,093,605	2,860,712	2,902,193
再資源化費（C）	1,957,710	2,470,242	3,013,097	2,619,929	2,610,084
最終処分費（D）	468,707	496,121	443,417	411,850	419,830
ごみ処理経費 （A＋B＋C＋D）	9,183,060	11,708,195	10,864,336	10,142,796	10,374,435
（参考）管理部門費	362,817	246,844	246,844	253,057	287,432

注）1．作業部門の管理を行う管理部門の経費は、ごみ処理経費から除外.
　　2．当該経費は、本調査のために算出した試算値であり、公表値と一致しない場合がある.

　収集ごみの減量を受けて，減少傾向にある．2012年度に増加しているが，これは空気輸送センター廃止に伴う一時的な経費増によるものである．「スリムシティさっぽろ計画」では，「今後，災害時における収集体制の確保など直営収集の役割を整理・検討した上で，収集業務の民間委託の拡大などにより，効率化を進めていきます」としている．現状，収集業務の委託比率は，およそ7割となっている．
　有料化の併用事業としての雑がみと枝葉草の資源化を主因として，再資源化費も有料化を導入した年度に前年度比約5億円，翌年度には施設整備もあって同約10億円増加したが，その後減少に転じている．
　これに対して，中間処理費は，篠路工場の休止，廃止を受けて，有料化翌年度以降，大きく減少している．直近年度の中間処理費は，有料化前年度比で5億円程度縮減した．埋立てごみ減量を受けて，最終処分費も縮減している．
　最後に，市民1人当たりのごみ処理経費の推移を**表7-7**で確認しておこう．有料化を導入した年度に上記の要因により急増したが，その後減少している．この

表7-7　札幌市市民1人当たりごみ処理経費の推移

(単位：円)

年　度	2008	2009 (有料化)	2010	2011	2012
市民1人当たりごみ処理経費 ［（A＋B＋C＋D）／年度人口］	4,837	6,148	5,675	5,277	5,379

注）人口は10月1日現在における国勢調査ベースの推計数値．

減少傾向は，篠路工場廃止による経費節減効果をベースとして，今後長期にわたって続くものと考えられる．

(3) 手数料収入を活用したさらなる減量の推進

札幌市の人口は，家庭ごみ有料化を実施した全国の都市の中で最大規模である．その上，有料化の対象となる可燃・不燃ごみの手数料水準は1L＝2円と比較的高い．したがって，市に入る手数料収入は，有料化自治体の中で最大となる．

札幌市の家庭ごみ有料化による手数料収入は，有料化導入以降，毎年度ほぼ30億円程度で推移している．そこから，有料指定袋の製造・流通費など有料化制度運用費用約5億円を差し引いた約25億円が市の手数料収益となる．

手数料収入の使途について，「スリムシティさっぽろ計画」は次のように記述している．

「家庭ごみの有料化の主な目的は，ごみ減量・リサイクルを促進するために実施するものであることから，有料化によって収められた手数料については，その目的の達成に寄与するような施策・事業に使う必要があります．したがって，収められた手数料は，ごみ減量・リサイクルの促進，環境教育・普及啓発の充実，ごみステーション管理をはじめとした地域における環境活動への支援，さらには，地球温暖化防止に向けた取り組みなどの経費に充てます」

つまり，手数料収入をごみ減量・リサイクル推進などの分野に限定して用いるとしている．毎年度の具体的な使途（決算額）は，「スリムシティさっぽろ計画年次報告書（各年度版）」に記載され，市のホームページから見ることができる．

表7-8により直近の2012年度について見ると，手数料収入（約30億円）は，有料化制度運営費約5億円への充当のほかに，約20億円が資源の収集・資源化に，約3億円が集団回収や生ごみ処理機購入など資源化・排出抑制への助成や支援に，約1億円がごみ排出管理・指導に，約1億円が啓発・環境教育にそれぞれ用いられた．

「新たな収集・処理体制を構築するための経費」の充当先の1つとして「生ごみリサイクルの調査・研究等」があげられているが，市は，発生抑制・排出抑制の推進とともに，家庭系可燃ごみ組成の4割以上を占める生ごみの減量・資源化を，今後の重点的な取組課題に位置付けている．2011年度からは一部の大規模集

第7章　ごみ減量による中間処理費削減　135

表7-8　札幌市家庭ごみ処理手数料の使途（2012年度）

約20億円	●新たな分別の開始と市民の取り組みの支援 　○新たな収集・処理体制を構築するための経費（約11.5億円） 　　・「雑がみ」の分別収集と資源化 　　・「枝・葉・草」の分別収集と資源化 　　・生ごみリサイクルの調査・研究等 　　・焼却灰リサイクルなどの調査・研究等 　○家庭ごみの分別が進むことにより増加する収集・選別のための経費等（約8.4億円） 　　・「びん・缶・ペットボトル」の収集と資源化 　　・「容器包装プラスチック」の収集と資源化
約3億円	●家庭ごみの発生・排出抑制や資源化促進のための経費 　・集団資源回収奨励金 　・生ごみリサイクルパートナーシップ収集の実施 　・電動生ごみ処理機などの購入費助成 　・一般廃棄物処理基本計画の改定 　・地区リサイクルセンターの運営管理 　・その他
約1億円	●ごみステーション問題の改善や市民サービス向上のための経費 　・さっぽろごみパト隊による監視パトロール，排出指導の実施 　・ごみステーション管理器材購入費・箱型ごみステーション設置費の助成 　・ごみステーション数の増加・狭隘路対策に伴う収集経費の増加
約1億円	●普及啓発・環境教育のための経費 　・家庭ごみ収集日カレンダーおよびごみ分けガイドの作成・配布 　・リサイクルプラザ宮の沢の運営管理 　・リユースプラザ等の運営管理 　・各種啓発冊子の配布，啓発イベントの開催
約5億円	●家庭ごみ有料化を実施するための経費 　・指定ごみ袋の製造・保管，収納管理経費

（出所）札幌市環境局『スリムシティさっぽろ計画年次報告書（2012年度版）』．

合住宅を対象に，定山渓にある民間資源化施設を活用した生ごみ分別収集・資源化の実証実験が実施されており，今後も事業規模の拡大を図るなど発展的な継続が予定されている．

　このように，有料化で得られた手数料収入は主として，資源化のための事業基盤の整備に活用するとともに，市民の3Rへの取組を支援し，併せて有料化制度を運用する上で懸念される不適正なごみ排出を防止することに活用されている．

(4)　ごみ行政に戦略を取り込む

　以上のようにみてくると，札幌市の「スリムシティさっぽろ計画」が，きわめて高度なごみ戦略のもとに立案されたことに気付く．家庭ごみ有料化とその併用

施策を強力な減量手段に据えて，減量をごみ処理経費削減に結び付け，併せて有料化で得られる手数料収入をさらなる減量・資源化の推進に活用する戦略である．高齢化が急速に進む中で，扶助費の増加傾向と地方税収の落ち込みに直面する全国の地方自治体において，ごみ行政に戦略性を取り込むことで処理経費削減に踏み込むことの重要性を，今回の調査を通じてあらためて痛感した．

3　八王子市の清掃工場集約化

　東京多摩地域の最大都市，人口約56万人の八王子市は家庭ごみ有料化を導入し，大きなごみ減量を実現した．ごみ減量により，清掃工場体制を4工場から3工場に集約・再編するなど，効率的なごみ処理・資源化システムの構築に向けて大きく舵を切ることができた．本節は，同市のごみ戦略に焦点を当てる．

(1)　有料化の導入とその後の取り組みの成果

　2004年10月，家庭系可燃ごみ・不燃ごみの有料化と同時に，有料化対象ごみの集積所収集から戸別収集への切り替え，分別収集・資源化の拡充が行われた．資源化の拡充策としては，新たに発泡スチロール・プラスチック製ボトル容器およびPETボトルの集積所収集が実施され，その他の資源についても収集頻度を増やした．

　市はその後も，有料化導入後のさらなるごみ減量を推進するために2007年3月に策定したごみ処理基本計画「循環都市八王子プラン」に基づいて，さまざまな減量対策を打ち出した．この計画に盛られた主要施策は，家庭系ごみのさらなる減量・資源化，事業系ごみの減量・資源化，発生抑制に重点を置いたごみゼロ社会実現，の3本柱であった．

　市の清掃行政のあゆみを振り返ると，有料化導入年度と並んで，2010年度がエポックメーキングであったことに気付く．この年，30年間稼働してきた館清掃工場が9月末をもって停止し，長年の懸案であったプラスチック資源化拡大が10月から実施された．有料化導入時，施設面での制約から発泡スチロール・プラボトルに限定せざるをえなかった容器包装プラスチックの全量資源化が，選別施設の整備により実現したのであった．それに合わせて，汚れた容器プラや製品プラの

表 7-9 八王子市家庭系ごみ量の推移

(単位：t)

年　度	2003	2004 (有料化)	2005	2006	2007	2008	2009	2010	2011	2012
人口（人）	536,095	541,831	545,065	548,130	551,644	556,296	560,631	563,253	564,980	564,585
可燃・不燃・粗大等 (A)	130,998	114,425	94,780	96,077	95,594	95,928	95,184	92,426	91,836	91,511
資源（集団回収含む） (B)	29,320	36,908	43,905	44,231	43,861	39,911	36,067	39,464	44,394	42,161
家庭ごみ排出量 (A+B)	160,318	151,333	138,685	140,308	139,455	135,839	131,251	131,890	136,230	133,672
1人1日当たり可・不・粗等ごみ量(g)	668	579 (-13.3%)	476 (-28.7%)	480 (-28.1%)	473 (-29.2%)	473 (-29.2%)	466 (-30.2%)	450 (-32.6%)	444 (-33.5%)	444 (-33.5%)
1人1日当たり家庭ごみ排出量(g)	817	765 (-6.4%)	697 (-14.7%)	702 (-14.1%)	690 (-15.5%)	669 (-18.1%)	642 (-21.4%)	642 (-21.4%)	659 (-19.3%)	648 (-20.7%)
(参考) 事業系ごみ	44,932	44,820	47,612	47,298	46,006	41,049	37,457	35,897	34,786	34,622

注）1．人口は，10月1日時点における住民登録者数（外国人含む）．
　　2．事業系ごみは持ち込み可燃ごみ．

不燃ごみから可燃ごみへの分別区分の切り替えも行われた．資源の戸別収集への切り替えも，この年に実施されている．

市は発生抑制対策にも積極的に取り組んだ．その特筆すべき取り組みは，2007年11月から清掃事業所職員が全戸を訪問してオリジナルマイバッグを配布しながら，ごみ減量と分別の徹底，買い物時のマイバッグ持参に関する啓発を行ったことである．

これらの事業の効果は大きく出た．**表7-9**に示すように，有料化導入により，1人1日当たりの家庭系ごみは，可燃・不燃・粗大などのごみについて有料化導入前年度比で翌年度29％減，直近では34％も減少，資源を含む家庭ごみ排出量について同じく翌年度15％減，直近では21％も減少している．リサイクル率については，有料化導入前年度20％にとどまっていたが，翌年度24％，全容器プラ資源化後の直近では34.6％に達している．

家庭ごみ有料化導入後に減少しなかった事業系ごみも，2008年度以降大幅に減少した．その背後には，基本計画の主要施策の1つに位置付けられた事業系ごみ減量への積極的な取り組みがあった．従来，八王子市においては，事業系ごみに

ついては「事業者責任」を原則として，他の自治体と同様，資源化の受け皿整備にまで踏み込むことはなかった．しかし，事業系ごみの組成分析結果から，古紙の資源化が減量化の攻め口であり，その隘路となるのが資源化の受け皿未整備であることに気付いた市は，雑紙やシュレッダー紙も含め，事前登録制により事業系古紙を無料で出せる持ち込み場所を整備することとした．事業系古紙の持ち込み場所は，清掃工場や清掃事業所，市民部事務所など9カ所に設置されている．持ち込まれた古紙の量は，初年度となる2008年度の406 t から2012年度の545 t へと順調に増加している．

さらに，清掃工場への搬入検査の強化，中小事業者への訪問指導対象の拡大，排出事業者向けの3R講習会の開催，わかりやすいパンフレットの作成・配布といった取り組みにも着手した．搬入検査と事業者指導はリンクしている．検査時に担当者が用いる内容物調査表には評価欄があり，A・B・Cの評価を付ける．A評価以外の場合，収集運搬許可業者または排出事業者に対して分別の徹底などを指導している．さらにC評価の場合は呼び出した上での指導をしている．こうした積極的な取り組みにより，事業系ごみ量は2007年度の約4.6万 t から，2012年度には約3.5万 t にまで減少している．

(2) 工場数縮減による経費削減効果

2007年3月策定のごみ処理基本計画では，「循環型社会に向けた施設整備」の章において，こう述べている．

「発生抑制や減量施策を推進することにより，清掃工場で処理するごみ量を大幅に削減することができます．そして発電効率の高い多摩清掃工場の積極的活用により，現在の4カ所の清掃工場のうち1カ所の清掃工場を縮減することが可能となります．このことは100億円を超える清掃工場の建設経費等が削減できるだけでなく，工場から排出されるCO_2をはじめとする排ガス量が減り，環境負荷の低減が図られるという大きな効果をもたらします」

当時，八王子市は可燃ごみを，市内にある戸吹清掃工場（処理能力300 t／日＝100 t／日×3炉，1998年4月稼働），北野清掃工場（処理能力100 t／日，1994年10月稼働），館清掃工場（処理能力150 t／日，1981年4月稼働：**写真7-4**）の3工場と，近隣2市との一部事務組合で運用する多摩清掃工場（市外

の計4工場で処理していた.

先述のような家庭系と事業系のごみ減量・資源化の取り組みにより，**図7-3**に示すように，焼却ごみ量は家庭ごみ有料化前年度比で4万t近く減量した．これ

写真7-4 館清掃工場．左手前は古紙持ち込み場所

により，年間焼却量約2.8万tの館清掃工場を2010年9月に停止することができた．

館清掃工場を停止して3工場体制に縮減したことの経費削減効果を正確に推しはかることは，現段階では困難である．なぜなら，館清掃工場はこれから解体・更地化され，その跡地に2017年以降，老朽化した北野清掃工場の代替工場を建設する予定であり，その数年後には耐用年数が満了する戸吹清掃工場の建替えが控えているが，これらの施設規模などの詳細が未定だからである．

そこで，単純化して館清掃工場の停止による工場体制縮減のみに限定してその経費節減効果を推計する．有料化が導入されず，ごみが減量しなかったと仮定し

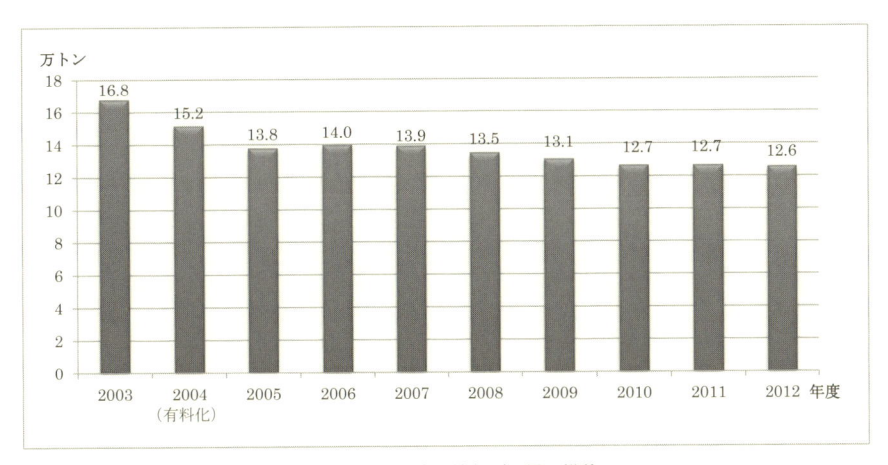

図7-3 八王子市の焼却ごみ量の推移

て4工場体制のままで館清掃工場を建て替えたとすると，100億円程度の建設費が想定される．これに館清掃工場の経費実績から年間6億円程度，耐用年数期間に約150億円の運転・維持管理費を要すると見込まれる．しかし，事業手法にDBOなど効率的な長期包括契約方式を導入すれば，建設・維持管理費の総額を200億円程度で抑えることも可能かもしれない．つまり，単純化した前提のもとで，八王子市の有料化導入など3R施策によるごみ減量は，将来にわたって200億円以上の中間処理費削減効果をもたらすのである．

(3) ごみ処理経費の推移

家庭ごみ有料化前年度から直近年度までのごみ処理経費は，どのような推移をたどっているのであろうか．**表7-10**は，部門別ごみ処理経費の推移を示す．まず，ごみ処理経費全体については，有料化翌年の2005年度に，有料化前年度と比べて約12.5億円増加したが，その後徐々に減少し，近年では有料化前よりも減少している．部門別に見ると，有料化導入後に増加したのは収集運搬費と資源化経費である．

収集運搬費は，不燃ごみの戸別収集開始，有料指定袋の製造・流通費の発生を主因として6億円程度増加した．しかしその後は，収集業務民間委託の拡大，指名競争入札の導入，収集ごみの減量を受けて減少しており，有料化前年度の約31億円から2012年度には約20億円にまで削減されている．現状，収集業務の委託比率は可燃ごみでおよそ65％，不燃ごみについては100％，資源についても委託が

表7-10 八王子市の部門別ごみ処理経費

(単位：千円)

年　度	2003	2004 (有料化)	2005	2006	2007	2008	2009	2010	2011	2012
収集運搬費 (A)	3,105,309	3,634,344	3,674,301	3,582,969	3,586,560	3,619,004	3,400,143	2,849,018	2,229,839	1,952,221
中間処理費 (B)	4,777,728	4,825,873	4,734,251	4,618,344	4,445,958	4,394,883	4,198,455	3,757,472	3,418,331	3,260,519
資源化経費 (C)	1,692,503	2,140,445	2,370,113	2,507,706	2,654,632	2,556,776	2,572,109	3,405,122	4,044,141	4,320,704
最終処分費 (D)	727,032	762,967	775,399	557,911	356,148	343,501	302,108	284,994	310,862	346,890
ごみ処理経費 (A+B+C+D)	10,302,572	11,363,629	11,554,064	11,266,931	11,043,297	10,914,164	10,472,814	10,296,606	10,003,172	9,880,334

注）職員給与、減価償却費等を含む．

表7-11 八王子市の市民1人当たりごみ処理経費の推移

(単位:円)

年度		2003	2004 (有料化)	2005	2006	2007	2008	2009	2010	2011	2012
市民1人当たりごみ処理経費 [(A+B+C+D)／年度人口]	A	16,098	17,694	18,091	17,760	17,378	17,147	16,345	15,915	15,364	15,089
	B	19,217	20,973	21,198	20,556	20,019	19,619	18,681	18,281	17,705	17,500

注) 1. 人口は表7-9と同じ.
　　2. A:減価償却費含まず,B:減価償却費含む.

大部分を占める.

有料化の併用事業である一部容器包装プラスチックとPETボトルの資源化を主因として,資源化経費も有料化導入後に数億円増加した.これに2006年度以降は二ツ塚処分場での焼却灰エコセメント化開始による最終処分費の一部の資源化費用への費目組み替え,さらに2010年度以降は容器包装プラスチック全資源化開始による経費増が加わって,直近ではごみ処理経費全体の半分近くを占めるまでにふくらんでいる.

これに対して,中間処理費は,館清掃工場の停止を受けて,近年大きく減少している.直近年度の中間処理費は,有料化前年度比で約15億円縮減している.埋立ごみ減量と費目組み替えを受けて,最終処分費も大幅に縮減している.

最後に,市民1人当たりのごみ処理経費の推移を表7-11で確認しておこう.市の清掃事業概要に掲載されている,ごみ量との関連性が低い減価償却費を含まない数値(A)と,表7-10のごみ処理経費を年度人口で割った数値(B)を示した.有料化導入直後に併用事業や有料化制度運用経費の発生要因により増加したが,その後減少傾向をたどり,有料化導入前の水準を下回っている[3]).

家庭ごみ有料化による手数料収入は,2012年度において総額約8.9億円.その主な使途は,表7-12に示すように,資源物戸別回収経費約4.1億円,指定袋経費約1.9億円,収集委託化拡大経費約1.1億円などとされている.

(4) 埋立ごみゼロをめざして

2013年3月,市はごみ処理基本計画「循環都市八王子プラン」の改定を行った.そこには,サブタイトルとして「埋立処分量ゼロをめざして!」が新たに付けられた.新基本計画の重点施策は,ごみの減量・資源化に向けた意識の高揚と行動

表7-12 八王子市家庭ごみ処理手数料の使途

■手数料収入 約8億9千万円（2012年度）

約1億600万円	●ごみ収集委託化の拡充に係る経費 ・可燃ごみの戸別収集 ・不燃ごみの戸別収集
約4億1200万円	●資源物戸別回収に係る経費 ・古紙の戸別収集 ・古布の戸別収集 ・ペットボトルの戸別収集 ・缶の戸別収集 ・ダンボールの戸別収集
約1億8500万円	●指定収集袋に係る経費 ・指定収集袋作成経費 ・指定収集袋販売経費 ・指定収集袋配送経費
約400万円	●不法投棄に係る経費 ・監視カメラ保守経費 ・不法投棄防止用物品経費
約2700万円	●ごみ減量・資源化等啓発に係る経費 ・マイバッグ活動等啓発経費 ・広報作成・配布経費 ・ごみカレンダー作成・配布経費
約1億4100万円	●プラスチック資源化センター運転経費
約1700万円	●その他 拡充施策等に係る経費 ・組成分析経費 ・生ごみ等資源化拡充経費 ・市民協議会経費 ・組成分析経費

の促進，生ごみの減量・資源化の地域特性に応じた取り組み，ごみ処理の基盤となる処理施設の更新，の3本柱からなる．とりわけ，生ごみ資源化と施設整備，この2施策がさらなる減量戦略のキーポイントという印象を受ける．

　生ごみの資源化について，基本計画は，ダンボールコンポストの普及など家庭における生ごみの資源化，集合住宅への大型生ごみ処理機の貸与など地域特性に応じた生ごみの資源化，民間処理施設を利用した生ごみ回収・資源化モデル事業などの促進により，「10年後には，『生ごみの資源化』に10パーセントの世帯が取り組んでいることをめざします」としている．事業所についても，先進的取組事例の紹介，複数中小事業者の共同での資源化事業，食品リサイクル法の登録再生

利用事業者ルートへの食品関連事業者ごみの誘導などにより資源化の促進を図るとしている.

民間施設を活用した生ごみ回収・資源化モデル事業については2011年度から百数十世帯の協力を得て分別回収し，市外の施設で堆肥化してきた．2012年8月には市内に民間の堆肥化施設が操業を開始し，生ごみの資源化推進に寄与することが期待されたが，臭気問題で2013年5月に稼働を停止している．

施設整備については，地理的・規模的にバランスのとれた3工場体制への移行をめざしている．老朽化し更新時期が近づきつつある北野清掃工場の代替施設としての新館清掃工場については，今後の技術革新の動向を踏まえた最先端の技術と環境対策を取り入れ，高効率な熱エネルギー回収施設を整備して，低炭素社会に貢献することをめざしている．

また，埋立処分量ゼロに向けて，2015年度からは戸吹不燃物処理センターに手選別ラインを導入し，よりきめ細かな選別と徹底的な資源化を実施することで，二ツ塚処分場に埋め立てる不燃残渣をゼロにすることをめざす．二ツ塚処分場に搬入される焼却灰についてはすでに全量がエコセメントとして資源化されており，不燃残渣の搬入量がゼロとなれば，積年の悲願であった「埋立処分量ゼロ」が実現することになる．市のごみ行政は新たなステージに踏み出そうとしている．

注
1）福岡南部組合「建設検討委員会経営手法専門部会会議概要」（組合ＨＰ掲載）を参照．
2）福岡南部組合「新南部工場施設整備・運営事業の選定に関する客観的な評価の結果について」2011年5月．そこまでの財政負担軽減効果が実際に出るかどうかについては，運営期間が長期にわたるだけに，不確実な要素もある．
3）基本計画には数値目標として市民1人当たりごみ処理費（**表7-11**のＡ）の縮減が設定されている．現行計画のそれは，2017年度までに1万4700円以下，2022年度までに1万4000円以下への引き下げ．ごみ処理費の縮減を基本計画の数値目標に掲げる自治体は全国的にも希である．

第8章 インセンティブプログラム活用の取り組み

　多摩地域を構成する30市町村で，家庭ごみ有料化を実施する自治体が増加している．そのなかで多摩市における家庭ごみ減量化の実践は，有料化と併用して，市民団体との協働で考案され，運用される各種経済的インセンティブプログラムを活用する点で特徴的である．本章では，そうした施策が採用されるに至った背景，インセンティブプログラムの枠組みと運用実績，ごみ減量などの成果について，市の資料や担当者からの聞き取りに基づいて検証する．

1　多摩市における家庭ごみ有料化の経緯

(1) 多摩市の人口・地勢

　多摩市は人口約14万7000人，世帯数約6万6000世帯の中規模都市であり，緑豊かな多摩丘陵の北端部に位置する．市域の約6割が多摩ニュータウンに含まれる．多摩ニュータウンの入居が開始された1971年に市制が施行され，入居者の増加とともに人口が急増してきたが，近年では人口の伸びは鈍化傾向にある．人口を年齢別にみると，ニュータウン入居者の年齢階層の影響により，60代半ばの団塊の世代と，30代後半から40代前半の団塊ジュニア世代が厚みのある層を形成しており，高齢化が着実に進んでいる．高齢化の進展と市域・近接区域での大学立地を反映して，家族類型では単身世帯が36％を占め，増加傾向にある．住宅形態をみると，約80％の世帯が集合住宅に住んでいる．ニュータウンでは現在，初期に入居を開始した地区で集合住宅の老朽化に直面し，建て替え工事が開始されている．

(2) 家庭ごみ有料化の検討と市民説明

　多摩市では2000年10月，約30年にわたって続けてきたダストボックス収集を廃

止し，戸建て住宅について戸別収集，集合住宅について折り畳み式の金網ボックスでの排出に切り替えた．さらにその後，ペットボトルの戸別収集，白色トレイの拠点回収，生ごみ処理機器の普及にも取り組んだ．また市民との協働に注力し，自治会からの推薦を受けて市が委嘱する廃棄物減量等推進員や，ごみ減量に関心を持つ市民で構成される「たまごみ会議」などとの連携により，各種ごみ減量・リサイクル推進活動に取り組んだ．

　こうした取り組みが功を奏し，2003年度に，制度見直し前年度比12％程度のごみ減量がもたらされるなど多摩市のごみ量は減少傾向にあったが，1人1日当たり家庭系ごみ量は依然，多摩地域30市町村の平均を上回っていた．地球環境の保全，資源の有効活用を図るとともに，希少な最終処分場を延命化し，またごみ処理経費を削減するために，さらなるごみ減量が必要と考えられた．

　2003年8月，多摩市長は廃棄物減量等推進審議会に対して，家庭ごみの有料化，事業系ごみ処理手数料の見直し，プラスチックごみのリサイクル・処理方法について諮問を行った．約1年半をかけた15回の審議を経て，審議会は2005年2月に，家庭ごみの有料化について「ごみ減量の効果をねらう一つの手法であることと，市民のごみ減量・分別等の努力を評価できるシステムであることから，市民への十分な説明や普及啓発を行いつつ，実施することが望ましい」とし，併せて事業系ごみ処理手数料の改定，プラスチックごみの「極力燃やさず・埋め立てず」の方針でのリサイクルを提言する答申をとりまとめた．

　これ受けて市は，「今後のごみ減量に向けた基本方針」を策定した．この方針について2005年7月から市内公共施設20箇所で市長自ら説明にあたり，10月からは全管理職を動員して全自治会・管理組合・市民団体・事業所に対して合計200回に及ぶ夜間・土日を中心とした説明会を開催し，参加者は延べ約8000人に及んだ．また，市内4鉄道駅の駅頭でのキャンペーンなども展開した．

(3) 議会での挫折と市長選挙の結果が契機に

　こうした市民説明を踏まえて，市長は2005年12月議会に翌年7月からの有料化実施のための条例改正案を上程した．改正案は本会議での採決に先立って建設環境常任委員会で審議されたが，委員会採決の結果は賛成1票，反対2票，継続審査2票で，いずれも過半数を満たさず審査未了・廃案となった．その一方で，家

庭ごみ有料化の再検討を求める陳情3件と，家庭ごみ有料化反対の陳情1件は本会議で採択されている．

　反対する委員の意見は，「有料化は事業者の責任を放置して市民にだけ重い負担を強いる」，「プラスチックは不燃ごみとして分別収集されているにもかかわらず，焼却されている．こうした状況を改め，まず分別の徹底を図るべき」というものであった．また，継続審査とする委員は，「中間処理施設のコストや収集・運搬の整備などについて整理し直すのが先決」，「エコプラザなどは民営にすべき．行政は古紙などの資源物回収から撤退してもいい．数字できちんと民間との比較を行う必要がある．もう少し時間をかけて審議していい」という意見であった[1]．

　その翌年の4月に市長選挙が行われた．現職の市長は家庭ごみ有料化の導入を前提として選挙に臨んだのに対し，対立する候補者は家庭ごみ有料化の凍結を訴えた．選挙の結果，現職市長が小差で再選された．市長はこの選挙結果を受けて，家庭ごみ有料化について，まだまだ市民への周知が不十分であったという認識のもと，改めて草の根まで説明に出向くこと，市民意見を反映するための「ごみ減量懇談会」を実施することを市民に約束した．

(4) 市民懇談会で出された意見の吸収

　市は前年度に実施した市民説明会の参加者から出された意見を検証し，「基本方針」に市民意見を取り入れて，草の根までの説明をめざした新たな説明会を環境部局の所管で開始した．市内小中学校等での13回の説明会開催をはじめ，5名以上のグループから要望があれば朝昼晩どこへでも出前説明会に出かけた．出前の回数は123回に及び，参加者は4000人を上回った．

　これと併行して，市は市長が提案した「ごみ減量懇談会」を資源化センターや公共施設で開催した．この会は，ごみに関心のある市民から，ごみ減量のアイデアを自由に発表してもらい，市のごみ行政の参考にしようというもので，事前に申し込む必要はなく自由に参加できることとした．懇談会では，後述のように，行政がごみ減量を推進するうえで参考とすべき建設的な意見が多数出された．

　市はこうした市民意見を真摯に受け止め，提起された諸課題に対する対応策として，のちに有料化と併用することになる各種プログラムを考案した．

(5) 有料化の条例改正案ようやく可決

家庭ごみ有料化のための条例改正案は，改めて2007年9月議会に上程された．この改正案では，ごみの手数料が前回改正案の1L＝2円（40L袋で80円）から1L＝1.5円（40L袋で60円）に修正されていた．これは，手数料の算定根拠が「ごみ処理費用の2割負担」とされたところ，二枚橋衛生組合（調布市など3市で構成）の解散に伴い新施設が整備されるまでの間，調布市の可燃ごみを多摩市の可燃ごみを処理する多摩ニュータウン環境組合の清掃工場が受け入れることとなり，多摩市の組合負担金が大幅に軽減されたことによる．

この条例改正案は，ごみ手数料引き下げもあって，いずれもぎりぎりの票差ではあったが，建設環境常任委員会を通過（賛成3票，反対2票）し，プラスチックの袋容量と手数料を修正のうえ本会議で可決（賛成13票，反対12票）された．

これを受けて，担当部局は有料化実施までの半年間にわたり，公共施設などの拠点と出前を合わせて264回もの説明会を開催した．

2　家庭ごみ有料化と併用されたインセンティブプログラム

(1) インセンティブプログラム導入の契機となった市民意見

多摩市の家庭ごみ有料化は，2008年4月から実施された．現在の家庭ごみの手数料と収集方法は，**表8-1**のとおりである．可燃・不燃ごみの手数料水準は，多

表8-1　多摩市の家庭ごみ手数料と収集方法

種類	容量	価格／枚	収集方法
可燃ごみ	40L	60円	週2回 戸別収集
	20L	30円	
	10L	15円	
	5L	7円	
不燃ごみ	40L	60円	月2回 戸別収集
	20L	30円	
	10L	15円	
	5L	7円	
プラスチック	20L	10円	週1回・戸別収集
粗大ごみ	処理券	品目別（200円、400円券）	申込制・戸別収集

摩地域有料化都市のほぼ平均的な水準といってよい．家庭ごみ有料化と同時に，プラスチックの分別収集（有料指定袋による排出），事業系ごみ処理手数料の引き上げも実施された．

多摩市の家庭ごみ有料化施策を特徴付けるのは，有料化とほぼ同時進行で市民，事業者，行政の協働になる多彩なインセンティブプログラムが併用されたことである．その契機となったのは，市長選の再選直後に市長が開催を約束した「市民懇談会」において市民から出された意見と，これを真剣に受け止めた行政の対応であった．懇談会で出た主な意見は次のようなものであった[2]．

＜市民意見＞
① レジ袋削減のため，若い人も持ちたがるようなおしゃれなオリジナルマイバッグを市で作製してはどうか．
② 経済的インセンティブを手厚くして，地域における資源集団回収団体を大幅にふやしてはどうか．
③ 消費者がごみを減らせるよう，製造業者や販売店にごみの減量を指導すべきではないか．
④ イベントを開催するとごみがたくさん出るので，その対策を考えるべきではないか．
⑤ 生ごみ堆肥化の指導員を地域に派遣して，自家処理を支援すべきではないか．

これらの意見に対応して行政は，有料化と同時進行で運用してごみ減量効果の強化を図るねらいで，多岐にわたるプログラムを考案した．

(2) 導入されたインセンティブプログラム

市民にとってマイナスのインセンティブとしての家庭ごみ有料化の実施とほぼ同時に，市民の要望に応え，ごみ減量の受け皿を強化するねらいで，多様なプラスのインセンティブを提供するプログラムが導入されたが，その後も新たなインセンティブプログラムの試みが継続されている．これまでに導入された主なプログラムは次のとおりである[3]．大部分のプログラムは，市民団体との協働で考案され，運用されている．

■お店に返そうキャンペーン（意見①への対応）

市民意見を受けて，市のごみ減量担当部局が，有料化の減量効果を高めるため

のインセンティブプログラムの提供を検討した時期，たまたまオール東京62市区町村共同事業「みどり東京・温暖化防止プロジェクト」がスタートし，加盟市町村の環境保全プログラムを支援することになった．そこでこのプロジェクトから助成金を受け入れることとし，制度設計に取り組んだ．考案したプログラムは「オリジナルバッグ交換キャンペーン」．地域を拠点とするＪリーグ・東京ヴェルディの協力を得てロゴ入りオリジナルエコバッグを作製．当時，資源化センターに回収されたペットボトルのキャップ装着率が6割にも及んでいたことへの対策として，排出時に外す習慣を身に付けてもらうよう，ペットボトルキャップ100個とバッグを交換し，2か月で4500枚を配布した．交換場所については，スーパー13店が参加協力した．回収したキャップ342万個は，ＮＰＯ経由で発展途上国の子供にポリオワクチン4270人分を寄付する原資として活用された．プログラムの実施費用はすべて，同プロジェクトからの助成金でまかなわれた．

この交換キャンペーンは，リーマンショックの余波を受けてペットボトルキャップの市場価格が急落し，引き取りが停止された2008年度からは，引き続き毎年度助成金を受けて，紙パック等を回収品目とした「お店に返そうキャンペーン」として実施されている．2008年度は，東京ヴェルディ，恵泉女子大学と共同でオリジナルエコバッグ2500枚を作成し，紙パック30枚と交換した．交換する景品の環境物品については，毎年度工夫を凝らし，選択肢も増やしている．2010年

表8-2　多摩市お店に返そうキャンペーンの実績

年　度	回　収　量	交換する景品
2008（第1回）	紙パック　　75,000 枚	東京ヴェルディオリジナルエコバッグ
2009（第2回）	紙パック　　99,000 枚	多摩市オリジナルタンブラー 電球型蛍光ランプ
2010（第3回）	紙パック・アルミ付パック 　　　　計 87,600 枚 マルチパック 2,400 枚	ハローキティオリジナルタンブラー エコ風呂敷 電球型蛍光ランプ
2011（第4回）	紙パック・アルミ付パック 　　　　計 109,284 枚 マルチパック 12,057 枚	東京ヴェルディオリジナルタンブラー ハローキティオリジナルエコバッグ 電球型蛍光ランプ
2012（第5回）	紙パック・アルミ付パック 　　　　計 85,314 枚 マルチパック 18,356 枚	東京ヴェルディオリジナルタンブラー ハローキティオリジナルエコバッグ 靴防臭用脱臭炭

（出所）多摩市ごみ対策課資料．

度には，リサイクルが困難なアルミ付きパックとマルチパックも回収対象（交換に必要な枚数20枚）に加えた．

　缶ビールなどを束ねる際に使うマルチパックは，防水加工がされていることから焼却されてきたが，メーカー，流通業者の協力を得て，全国で初めて回収してダンボールにリサイクルする試みとして注目された．

　このキャンペーンは用意した景品がなくなり次第，終了するが，交換に協力する店舗のうち7店は年間を通じて店頭回収している．キャンペーンの実績は**表8-2**に示すとおりである．

■集団回収の補助単価引き上げとモデル事業（意見②への対応）

　家庭ごみ有料化導入後，その手数料収入を活用して，地域の集団回収に対する補助単価を従来の5円/kgから10円/kgへと大幅に引き上げた．また，集団回収の意義，団体登録までの手順，資源の出し方，回収業者一覧と回収品目などを解説した冊子「資源集団回収の手引き」を作成して周知を図るとともに，集団回収契約業者に既存登録団体のリストを渡して新規登録団体の開拓を依頼した．こうした取り組みにより，**表8-3**に示すように，登録団体数と資源回収量は増加し，登録団体に包摂される世帯数も市内全世帯数の66％にまで広がった．

　また，家庭から排出されるすべての資源物（雑びんを除く）を集団回収で集め，行政収集を停止するモデル事業が2008年10月から開始された．これに参加する自治会や管理組合には，月額5000円プラス15円×世帯数の割増補助金が提供される．現在，実施団体は7団体，包摂される世帯数は約2200世帯．

　その後，市の行財政刷新プログラムの一環として，2012年下半期の補助金交付から，補助単価は8円/kgに変更されることになった．

表8-3　資源集団回収実施状況

年　度	2006	2007	2008	2009	2010	2011	2012
資源回収量（t）	4,199	4,435	4,600	4,647	4,707	4,719	4,572
登録団体数	190	201	209	201	216	217	219
補助単価（円/kg）	5円/kg	5円/kg	10円/kg	10円/kg	10円/kg	10円/kg	上期10円/kg 下期8円/kg

（出所）多摩市ごみ対策課『清掃事業実績』

■エコショップ認定制度と指定袋販売手数料割増制の導入（意見③への対応）

家庭ごみ有料化に合わせて，新たにエコショップ認定制度を導入した．認定店の取り組み項目として，レジ袋削減，店頭回収の充実，販売方式の工夫，その他環境配慮方策の各分野の27項目が設定された．各取り組み項目はその重要度に応じて点数化されており，店舗の取り組みの総得点が合格点に達することを認定要件としている．認定審査は，たまごみ会議などの市民団体や商工会議所などのメンバーで構成されるエコショップ認定審査会が行う．現在，約100店舗がエコショップとして認定されている．

この認定制度の普及・強化をねらいとして，スーパーマーケットや量販店が指定袋販売店の指定を市から受けるのに，エコショップとして認定されることを条件とした．また，地域商店振興の観点から，エコショップ認定を受けた小規模な店舗には，指定袋の販売により市から受け取る手数料を通常よりも引き上げて取り組みのインセンティブを付与した．こうした制度づくりにより，レジ袋辞退率は6割程度に上昇し，トレイ・紙パック等の店頭回収量が4～10倍に増加した[4]．

2012年10月からは，エコショップのなかでも特に優れた活動を展開する店舗を新たに「スーパーエコショップ」として認定する制度が導入された．新たな制度のもとでは，有料指定袋の販売手数料率は，一般店舗の6％に対し，エコショップについてはエコ度のランクに応じて，スーパーエコショップに12％，エコショップⅠに10％，エコショップⅡに8％と，きめ細かく設定され，販売事業者による3Rへの取り組みのインセンティブが強化された．

■リユース食器の無料貸し出し（意見④への対応）

市民主催のイベントや祭りの際のごみ減量をねらいとして，2005年度からカップと汁椀の無料貸出を始めたが，家庭ごみ有料化に合わせて貸出品目を箸，皿，ランチプレートまで広げた．また，給食センターが新食器に交換する際に古い食器を引き取ることで貸し出せる食器の数を増やした．表8-4に示すように，有料化実施以降リユース食器の貸件数は大幅に増加している．

■生ごみ処理機器への購入費補助率の引き上げと対象拡大（意見⑤への対応）

生ごみリサイクル推進の取り組みとして，家庭ごみ有料化と同時に，その手数料収入を原資にバイオ式生ごみ処理機器への購入費補助率を5割から6割に引き上げ，新たにバイオ式処理機「くうたくん」を対象機器に加えた．「くうたくん」

第8章　インセンティブプログラム活用の取り組み

表8-4　リユース食器の貸出実績

年　度	カップ	汁椀	箸	皿	ランチプレート	合計
2005	2,833	1,550				4,383
2006	2,550	4,715				7,265
2007	4,400	5,750				10,150
2008	7,702	9,660	3,920	3,640	512	25,434
2009	6,380	9,575	5,330	5,030	810	27,125
2010	4,145	8,780	4,290	5,070	710	22,995
2011	3,670	10,605	6,120	4,255	550	25,200
2012	3,150	9,470	5,370	3,805	910	22,705

（出所）多摩市ごみ対策課『清掃事業実績』.

は，生ごみを水と二酸化炭素に分解する消滅型の処理機であることから，堆肥の活用先の限界に直面する市民から大きな期待が寄せられた．市は「くうたくん」の使用法に重点を置いた生ごみ講習会を年間30回開催した．

家庭ごみ有料化に伴い市民の生ごみ処理機器への関心が高まり，有料化実施年度に機器購入件数は前年度比2.4倍の496件に達したが，その6割近くを「くうたくん」が占めていた（**表8-5**）．しかし，その後は次第に市民の生ごみ処理機購入への関心は薄れる傾向にある．特に「くうたくん」については，管理が難しく，水分管理がうまくいかないと虫が発生するなどの問題に直面することがあり，新規の設置は急減してしまった．2010年度からは，比較的管理が容易で，安価なダンボールコンポストが補助対象に加えられた．

表8-5　生ごみ処理機器への購入費補助件数

年　度	2007	2008	2009	2010	2011	2012
一部埋設型	6基	46基	9基	13基	12基	18基
室内ベランダ型（くうたくん）	57基	329基（291基）	58基（35基）	30基（10基）	14基（5基）	40基（12基）
電動式	121基	121基	56基	19基	17基	―
ダンボール式	―	―	―	21基	33基	27基
合　計	204基	496基	123基	83基	76基	85基

（出所）多摩市ごみ対策課『清掃事業実績』.

■生ごみリサイクルサポーターによる自家処理支援（意見⑤への対応）

　生ごみリサイクルサポーターの育成事業は，たまごみ会議との共催で，2010年度末から開始された．全5回の育成講座の受講生（第1期生）は募集定員を上回る62人で，多様な生ごみリサイクルの方法や，各種処理方法を体験・修得することにより，サポートする力を養い，講座修了後は市民目線での支援を通じて生ごみ自家処理の普及拡大にボランティアとして協力する．実際のサポート活動は2011年9月にスタートした．

■資源交換モデル事業

　市民に回収拠点のエコプラザ多摩（資源化センター）まで資源物の持ち込みをしてもらい，持込量に応じてトイレットペーパーや古本と交換を行うモデル事業を2010～11年度に試行している．持込対象の資源物は，新聞，雑誌，雑紙，ダンボール，紙パックで，トイレットペーパーとの交換は資源物5kgにつき1ロール，古本との交換は資源物1kgにつき1冊とされた．資源交換会は2年間に6回開催され，243人の市民が約9tの資源物を持ち込んでいる．

　2011年9月には，集団資源回収の登録団体が存在しない地区における古紙の回収・資源化を推進するねらいで，古紙回収事業者に委託して「ちり紙交換車」を巡回させる事業も開始された．

■「生ごみ入れません！袋」の交付

　2012年6月，多摩市は有料化制度の下で市民の生ごみ減量への取り組みを促す工夫として，自宅での分散型生ごみ処理により生ごみを市の収集に出す必要のない市民に対して，登録申請により無料で，生ごみを入れることのできない指定ごみ袋を一定枚数交付することとした．登録時に市民は「実践中の生ごみリサイクル方法」などを記入する「生ごみリサイクル宣誓書」を市に提出する．現在，約700人が登録している．

　容量10Lの「生ごみ入れません！袋」（**写真8-1**）には，登録番号を記載の上，生ごみ以外の可燃ごみを入れることになる．このプログラムは，ごみ減量を狙いとした新たなタイプの手数料減免制度であり，従来清掃活動の奨励や社会的配慮から実施されてきた減免制度をごみ減量化のイン

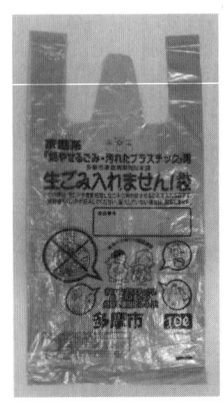

写真8-1　「生ごみ入れません！袋」

センティブプログラムへと進化させた試みとして注目される．

3 家庭ごみ有料化の成果

家庭ごみ有料化と併用インセンティブプログラムを主軸とする制度改革により，どのような成果が得られたか確認しておこう．まず，ごみ減量・リサイクル推進効果をみる．**表8-6**は，多摩市におけるこの6年間の家庭系ごみ量の推移を示す．1人1日当たり家庭ごみ（可燃・不燃・粗大・有害）量は，有料化導入前年度と比べて，有料化実施後の5年間にわたってほぼ17%減とかなり大きな減少率を示している．発生抑制効果をみるための参考指標としての1人1日当たり家庭ごみ総量（資源を含む）についても，11～12%程度の減量効果が出ている．

家庭ごみ有料化の発生抑制効果については，定量化が難しいことから，これまで推定の域にとどまって議論されることが多かった．このことにアプローチするには，社会実験とアンケート調査とがあるが，今回多摩市と著者が共同で実施した市民アンケート（調査票発送数2625，有効回答数1053）の中で調査項目を設けることとした．「その他」を含め14の発生抑制行動の選択肢を示し，ごみや資源の発生抑制に効果のあった取り組み（集団資源回収，新聞販売店・小売店頭回収箱など民間資源回収への排出を除く）を5つまで選んで，自らの行動として重要

表8-6 多摩市の家庭系ごみ量推移

(単位：t)

年度	2007	2008 (有料化)	2009	2010	2011	2012
人口（人）	146,854	147,364	148,021	147,592	146,637	145,979
可燃・不燃・粗大・有害（A）	29,668	24,504	24,705	24,744	24,792	24,299
資源（集団回収含む）（B）	11,099	11,958	11,578	11,541	11,447	11,243
家庭ごみ総量（A＋B）	40,767	36,462	36,283	36,285	36,239	35,542
1人1日当たり家庭ごみ量（g）A／人口	551.9	455.6 (-17.4%)	457.3 (-17.1%)	459.3 (-16.8%)	461.9 (-16.3%)	456.0 (-17.4%)
1人1日当たり家庭ごみ総量（g）（A＋B）／人口	758.4	677.9 (-10.6%)	671.6 (-11.4%)	673.6 (-11.2%)	675.2 (-11.0%)	667.1 (-12.1%)
（参考）事業系ごみ	11,521	11,326	10,966	10,417	10,391	10,426

(注) 収集ごみを家庭系，持込ごみを事業系とした．
(出所) 財団法人 東京市町村自治調査会『多摩地域ごみ実態調査』各年度統計．

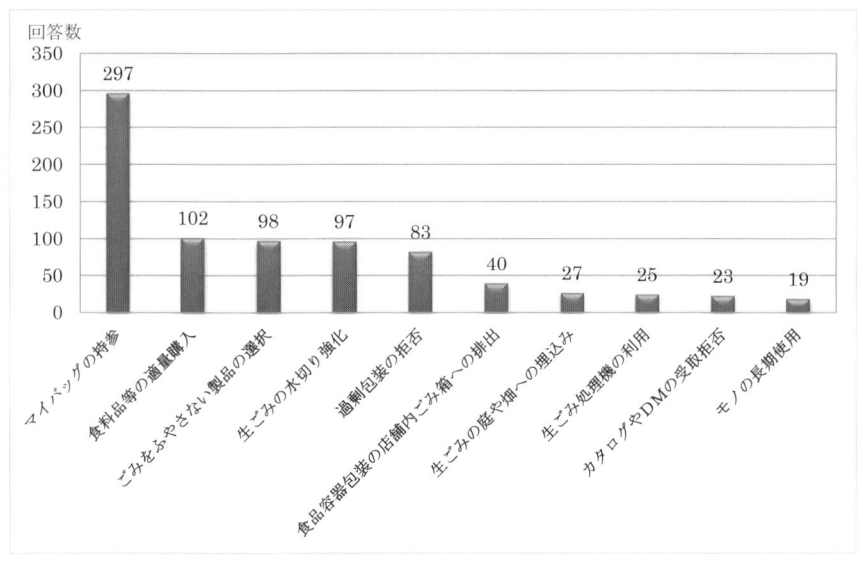

注）複数順位付け回答の中から、順位付け1位となった行動を掲出。
(出所) 多摩市市民アンケート調査（2011年6月実施）．

図8-1　有料化に対応した市民の発生抑制行動

グラフの値：マイバッグの持参 297、食料品等の適量購入 102、ごみを増やさない製品の選択 98、生ごみの水切り強化 97、過剰包装の拒否 83、食品容器包装の店舗内ごみ箱への排出 40、生ごみの庭や畑への埋込み 27、生ごみ処理機の利用 25、カタログやDMの受取拒否 23、モノの長期使用 19

と思われる取り組みから順に，1，2，3，4，5の順位を付けてもらった．

その結果，**図8-1**に示すように，1位の順位付けの多い取り組みは，「マイバッグの持参」が飛び抜けて多く，次いで「食料品等の適量購入」，「ごみを増やさない製品の選択」，「生ごみの水切り強化」，「過剰包装の拒否」，「適量調理・食べきり」，……という順であった．家庭ごみ有料化に対応して，市民が資源分別の推進と同時に，発生抑制行動への取り組みを強化したことが窺える．

リサイクル率については，**図8-2**に示すように，ごみ資源化率，総資源化率ともに，有料化実施の2008年度に上昇したものの，ライフスタイルの変化に伴う紙類の使用量減少や全国的に横行する資源持ち去りなどを反映して，その後は有料化実施前よりは高い水準にあるが，伸び悩んでいる．

次に，ごみ減量に伴いごみ処理経費がどのように変化したか，**表8-7**により確認しておこう．収集経費は，有料化実施の2008年度以降ごみ量の減少を反映して約7000万円削減された．多摩ニュータウン環境組合の負担金は，組合の清掃工場が2007年度から調布市の可燃ごみの搬入を広域支援の一環として受け入れたこ

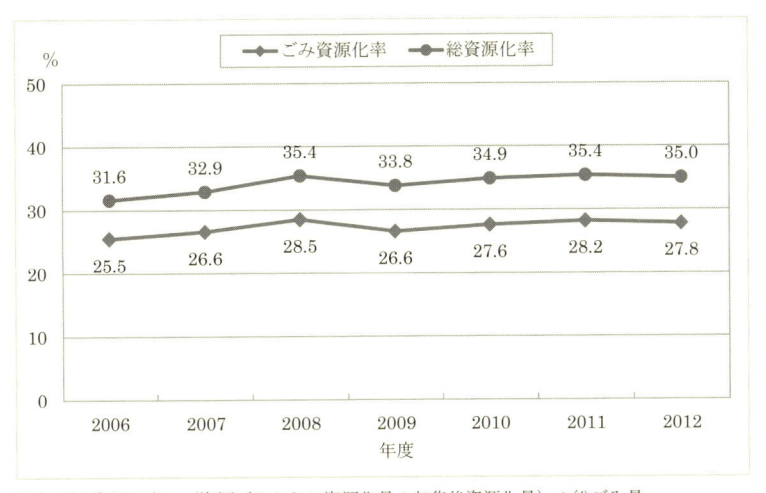

第8章　インセンティブプログラム活用の取り組み　　157

```
                    ―◆― ごみ資源化率    ―●― 総資源化率
  %
 50

 40
                              35.4            34.9    35.4    35.0
              32.9                    33.8
      31.6
 30
                              28.5            27.6    28.2    27.8
              26.6                    26.6
      25.5
 20

 10

  0
      2006    2007    2008    2009    2010    2011    2012
                              年度
```

(注) ごみ資源化率＝（資源ごみからの資源化量＋収集後資源化量）÷総ごみ量
　　 総資源化率＝（資源ごみからの資源化量＋集団回収量＋収集後資源化量）÷（総ごみ量＋集団回収量）
(出所) 財団法人 東京市町村自治調査会『多摩地域ごみ実態調査』各年度統計.

図 8-2　多摩市のリサイクル率

表 8-7　多摩市のごみ処理経費

(単位：円)

年　度	2007	2008 (有料化)	2009	2010	2011	2012
収集経費	939,359,305	862,619,938	862,093,339	862,684,709	868,749,291	868,517,497
環境組合負担金	463,100,000	445,748,000	426,916,000	406,257,000	463,950,000	559,348,000
資源化センター経費	196,621,319	284,068,745	309,782,439	311,611,120	291,300,813	294,210,381
処分組合負担金	314,440,000	388,338,000	403,064,000	396,552,000	376,321,000	400,192,000
合　計	1,913,520,624	1,980,774,683	2,001,855,778	1,977,104,829	2,000,321,104	2,122,267,878

(注) ここでの経費には，管理部門の人件費，多摩ニュータウン環境組合の建設費負担金等の固定的経費を含まない．
(出所) 多摩市ごみ対策課資料．

と，2010年10月から構成団体の八王子市が老朽化した清掃工場の停止に伴い搬入量を増やしたことなどの要因により2010年度まで減少してきたが，2011年度からはこうした要因が解消して増加に転じている．資源化センター経費については，有料化と同時にプラスチックの資源化を開始したことで増加している．トータルでみると，有料化実施以降のごみ処理経費は，有料化前年度よりもやや高い水準

で横ばい傾向を示している．

一方，家庭ごみ有料化による手数料収入は，年間3億円程度で推移している．2012年度について家庭ごみ処理手数料収入の使途をみてみよう．**表8-8**に示すように，手数料収入3億773万8000円から有料化制度の運用費用としての指定袋製造管理費6446万3000円，手数料収納事務委託料3183万7000円，プラスチック収集

表8-8　多摩市の手数料収入の使途

■手数料収入の使途（2012年度）
　手数料収入（A）　307,738千円
　指定袋製造管理費（B）　64,463千円
　手数料収納事務委託料（C）　31,837千円
　プラスチック収集運搬業務委託料（D）　108,392千円
　手数料収益（新たに発生した財源）（A－B－C－D）　103,046千円

■手数料収益を用いたごみ減量・資源化事業のレベルアップ
(1)　ごみ減量化推進事業のレベルアップ　4861万円
　①ごみ減量等の啓発

単位：千円

プログラム	2007年度	2012年度
リユース食器貸出	0	529
生ごみリサイクルサポーター謝礼	0	132
生ごみ入れません！袋作成費	0	381

　　サポーター謝礼・袋作成費は都補助金を除いた一般財源に対して充当したものとする．

　②各種補助金の充実

単位：千円

プログラム	2007年度	2012年度
集団回収団体補助金の増額	24,249	41,169
集団回収事業者助成金の増額	4,118	6,399

(2)　資源化センター管理運営費のレベルアップ　1億4098万円
　①プラスチック資源化のために

単位：千円

	2007年度	2012年度
プラスチック選別施設業務委託料	98,000	138,270

　②資源化センターの安全運転のために

単位：千円

	2007年度	2012年度
環境影響調査業務委託	—	779
エコプラザ多摩協議会他プラスチック資源化に係る経費	—	1,929

注）レベルアップ事業の実施に手数料収益（1億305万円）を充当後の不足分は一般財源を活用．

運搬業務委託料1億839万2000円を差し引いた1億304万6000円が「新たに発生した財源」、つまり手数料収益と位置づけられる．

手数料収益の使途は，ごみ減量化推進事業（各種インセンティブプログラム）と資源化センター運営費のレベルアップとされている．レベルアップ経費は手数料収益を上回るが，その差額については一般財源を活用している．手数料収益が各種インセンティブプログラムを通じて市民の減量努力を支援するための財源を生み出したことも，家庭ごみ有料化から得られた1つの成果とみることができよう．

4 さらなる減量に向けて

家庭ごみ有料化により多摩市のごみ量はかなり大きく減量したが，その後はほぼ横ばい，一部のごみ種ついては微増傾向にある．このままでは一般廃棄物処理基本計画で示された減量目標値[5]を達成できなくなる．そこで，市は廃棄物減量等推進審議会を立ち上げ，「家庭系ごみと事業系ごみの発生抑制と減量化，資源の再利用をすすめるための今後のごみ行政について」諮問した．審議会は2010年9月に短期的に取り組むべき事項について中間意見具申，2011年9月には中長期的に取り組むべき事項について最終答申をとりまとめた．

最終答申には，中長期的に取り組むべき対応策として，①ごみ手数料に関して，事業系ごみ手数料の見直しと家庭系落ち葉・剪定枝の清掃工場への持込みの有料化，②全般的な事項として，有料化手数料収入の使途の明確化と廃棄物会計の実施，③分別方法に関して，小型家電の再資源化，革製品・雑紙の分別回収，リサイクルボックスの見直し，④回収方法に関して，集団回収の拡大とプラスチック回収拠点の設置，⑤レジ袋の削減に関して，レジ袋有料化を協議する機関の設置とエコショップ認定制度の見直し，⑥落ち葉・剪定枝に関して，その資源化の検討と公園でのリサイクル推進，⑦生ごみに関して，生ごみリサイクルサポーターの支援による自家処理の推進や市民農園等でのインセンティブプログラムの活用，⑧事業系ごみに関して，事業所に対する排出指導の強化，の8項目が盛り込まれている．

排出量の多い可燃ごみの組成をみると，家庭系ごみでは生ごみが約40％，古紙

類が21％を占め，事業系ごみでは古紙類が65％に及んでいる状況にあり，これらのごみ種の減量・リサイクル対策が特に重要な取り組み課題となる．今後の取り組み課題と取り組みのための主要な方策は，審議会答申で整理された．これからは実践の段階に移行する．

多摩市におけるこれまでのごみ減量の取り組みを特徴付けるのは，「市民・事業者・行政の協働」である．多摩市には，市と連携して生ごみ講習会やエコショップ認定制度などの運営に協力するたまごみ会議，市役所庁舎内で転入者に向けにごみの排出方法などの説明業務を担うエコ・フレンドリーなど，ごみ減量の取り組みに豊富な知見と実績を持つ市民団体が存在する．また事業者も，エコショップ認定制度への参加や市の立入指導などを通じて，ごみ減量への関心を高めつつある．さらなる減量の成否は，「市民・事業者・行政の協働」態勢を円滑に推進できるかどうかにかかっている．

注
1）TAMA市議会だより168号，2006．
2）松平和也「戸別回収の導入と家庭ごみの有料化」，『自治体法務研究』18号，2009，23-24頁．
3）松平和也「有料指定袋によるごみ収集がもたらした大きな成果」，『月刊廃棄物』35巻8号，2009，および多摩市資料を参考にした．
4）多摩市環境報告書2009年版，28頁．
5）家庭ごみ有料化実施直前に策定された基本計画の目標値は，2012年度までに2007年度比で家庭系ごみの排出量（表8-6のAに該当）25％削減，総資源化率40％以上をめざす野心的なもので，当時の市民や行政の意気込みが窺える．

第9章 ごみ処理の効率化をめざして

　本書の終章として，ごみ減量による経費節減の可能性について総括した上で，ごみ処理効率化をめぐる近況として，全国ベースでみたごみ減量傾向と比べた1人当たりごみ処理事業費削減ペースの確認，自治体にごみ処理効率化を迫る要因としての財政状況悪化や処理施設老朽化への対応，ごみ処理効率化のための管理ツールとしての廃棄物会計導入の意義について取り上げる．最後に，自治体が策定する一般廃棄物処理基本計画において，ごみ減量目標の達成を通じた将来にわたる効率化の道筋を示すことの意義について指摘する．

1　ごみ減量による経費節減の可能性：総括

　有料化によりごみ量は確実に減るが，それが直ちに経費削減に結び付くとは限らない．ごみ減量が比較的短い期間に経費削減をもたらすかどうかは，有料化を導入した自治体のごみ処理システムと処理状況に大きく左右されるし，所与のシステムと処理状況のもとでの業務管理体制や契約方法の見直しや工夫にも依存する．

　ごみ量の減少が経費削減に結びつく可能性について，収集運搬，再資源化，中間処理，最終処分の部門別に整理すると次のようになる．

○収集運搬部門

　有料化の導入により収集するごみの量が減少すれば，基本的には収集運搬費は減少するはずである．民間委託収集を随意契約で行う場合，委託料算式の基本は「必要車両台数×1台当たり単価」であるから，単価が変わらないとすれば，収集ごみ量の減少により必要車両台数が減れば，収集運搬費は縮減することになる．しかし実際には，ある程度ごみが減っても世帯数や集積所数が減るわけではなく，収集作業量に大きな変化はないとの理由で，車両台数の削減にまでは至ら

ず，経費縮減に結び付いていないケースが少なからずある．

これに対して，有料化の実施と同時または前後して，①新たな資源品目の分別収集，②集積所収集から戸別収集への切り替え，といった事業を併用する場合には，収集運搬費は逆に増加することになる．その場合でも，民間委託比率の拡大や競争入札の導入，収集車両1台当たり収集作業員数の削減，収集頻度の見直しなどによる経費削減の可能性について検討する余地がある．

自治体のごみ収集業務について委託化を推進することは，経費縮減を求める行財政改革の要請から避けられない．しかし，比較的人口規模の大きな都市においては，災害対応，収集・指導技能の蓄積，委託契約上の価格設計スキル保持，声かけ収集業務などの観点から，一定比率の直営部門を維持し，委託業者との切磋琢磨の競争意識を醸成することも，合理的な選択である．

○再資源化部門

有料化実施により，資源の分別が促進されて資源量が増加すること，また併用事業として新たな資源品目の分別収集・資源化が実施されることもあって，有料化導入後に再資源化費は増加する傾向が見られる．再資源化費削減の可能性は小さい．しかし，委託契約方法の効率化など，経費削減方策を検討する余地は残されている．

○中間処理部門

可燃ごみの焼却，不燃ごみの破砕などにかかる中間処理費については，焼却施設や破砕施設の減価償却費，維持管理費など固定的な経費の比率が高く，有料化導入によるごみ減量を直接，大幅なコスト削減に結び付けることは難しい．しかし，有料化導入によりごみ量が減少すれば，中間処理費全体に占める比率は小さくとも，電力費や薬剤費，燃料費など運転費が節減される効果が期待できる．また，中間処理するごみの減量に伴い施設補修費の低減がもたらされることもありうる．

複数の自治体が一部事務組合を結成して中間処理を行うケースでは，組合構成団体の分担金拠出方式において「ごみ量割」の比重が高い場合，有料化によりごみを大幅に減らした団体は分担金拠出額をかなり大きく軽減させることができる．

近年，有料化実施によるごみ減量に伴い，老朽焼却施設の更新不要化や更新施設の規模縮小等が可能となり，さもなければ必要とされた経費を大幅に節減でき

○ **最終処分部門**

有料化の導入で最終処分ごみが減量すると，処分場への運搬費や運営費の低減，処分場の延命化，処分委託費の低減により，最終処分費の削減が可能となる．とりわけ，最終処分場を持たず，域外に処分委託する自治体の場合，有料化によるごみ減量に伴う最終処分費の節減効果は大きくなる．

以上，かなりおおまかに経費節減の可能性について整理してみたが，ごみ減量効果が出ても，それが短期間のうちに，大きな経費削減に結び付くとは限らないのが実情である．自治体のごみ処理状況によっては，効率化，経費削減の成果が出るにはある程度の期間を要するかもしれない．しかし，そうした状況にあっても，焼却施設におけるCO_2の排出削減や最終処分場の延命化など，環境負荷軽減効果が期待できることに留意したい．

2　ごみ効率化をめぐる近況

(1) ごみ減量のペースに遅行する処理経費の削減

次ページの**図9-1**は，全国の1人1日当たりごみ排出量と1人当たりごみ処理事業経費の推移を並べて示したものである．この11年間に，1人1日当たりごみ排出量は17.4％減少している．これに対して，同じ期間に1人当たりごみ処理事業経費の方は31.2％も減っている．しかし，これは国によるダイオキシン規制の強化への対応として焼却施設の建設改良費がピークに達した年度を起点として比較したことによる．

ダイオキシン対策の建設改良事業がほぼ完了した2003年度と直近年度の比較では，1人1日当たりごみ排出量が16.2％減少しているのに対し，1人当たりごみ処理事業経費は8.4％減少しているにすぎない．近年では，ごみの減量ペースに比べ，ごみ処理事業経費削減の歩みは緩慢である．

(2) 厳しさを増す自治体財政

わが国の自治体財政は，借入金残高約200兆円を抱える状況にあって，今後急

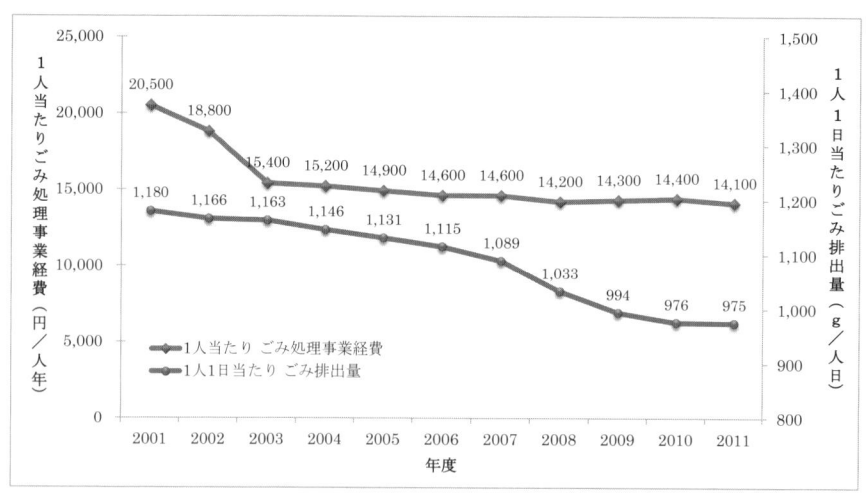

(出所) 環境省「一般廃棄物処理事業実態調査の結果（2001年度）」より作成．

図9-1　1人1日当たりごみ排出量と1人当たりごみ処理事業経費の推移

速な人口減少と高齢化に直面し，税収の落ち込みによる深刻な財源不足がもたらされると予測されている．歳出削減による財政健全化の取り組みは避けて通れない．

地方税や地方交付税など経常的な収入としての一般財源のうちどれだけの割合が，人件費，扶助費，公債費など義務的な性格の強い経常的な経費に充当されているかを示す「経常収支比率」は，全国の市町村について2001年度の85％から現在は90％台に乗せている．これは，財政運営が硬直化し，一般財源のうち政策判断で使途を決められる部分が1割にとどまることを意味している．

近年，全国市区の義務的経費の中では，職員減員とアウトソーシング拡大により人件費の比率が低下傾向にあり，公債費比率がほぼ横ばい傾向にあるのに対し，高齢化や格差社会を反映して，高齢者福祉や子育て支援，生活保護などの扶助費の比率が高まっている（**図9-2**）．高齢化社会の到来により，将来的にも扶助費の増加傾向は避けられない．

一方で歳入については，自治体の基幹財源である地方税は，経済の低迷や高齢化により税収が伸び悩んできた．国の財政が厳しい状況のもとで，地方交付税や国庫支出金の増加なども期待できない．

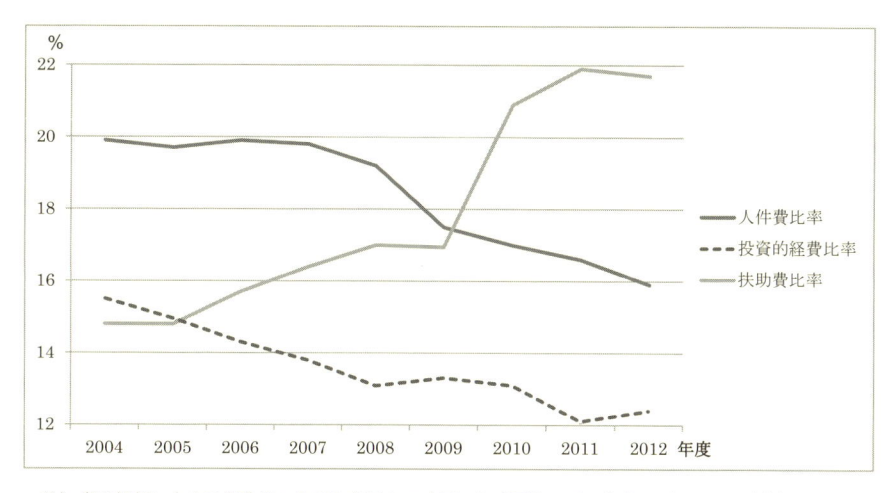

注) 歳出総額に占める各費目の比率を全国812市区の加重平均で示したもの（NEEDS分析）．
(出所) 日本経済新聞2013年11月24日付．

図9-2　全国市区の歳出に占める主要費目の比率推移

　こうした厳しい財政状況に直面して，多くの自治体は歳出面では経費全般について徹底した節減合理化を迫られている．歳出削減の対象分野については，これまで道路や橋，公共施設の整備など公共事業関連に重点が置かれ，歳出総額に占める投資的経費の比率が低下してきた．しかし，それらの施設の老朽化により，建替えや改修の必要に迫られており，投資的経費の削減も限界にきている．
　そうした状況のもとで，ごみ処理費については，コストを削減できる数少ない分野の1つとみることができる．有料化をはじめとする3R施策によるごみの減量や，各種ごみ処理業務の効率化を通じて，ごみ処理費の削減を図ることが求められている．

(3) **施設老朽化が迫る効率化への対応**
　ごみ焼却施設の多くが老朽化に直面している．全国に約1200ある施設のうち，およそ3分の1の施設が一般的な耐用年数である築25年を超えているか，5年以内に耐用年数が到来する（**図9-3**）．最終処分場についても，300以上の市町村に施設が存在しないだけでなく，施設の残余容量がこの十数年間減少を続け，処分場の数も減少傾向にあるなど，極めて厳しい状況が続いている．多くの自治体に

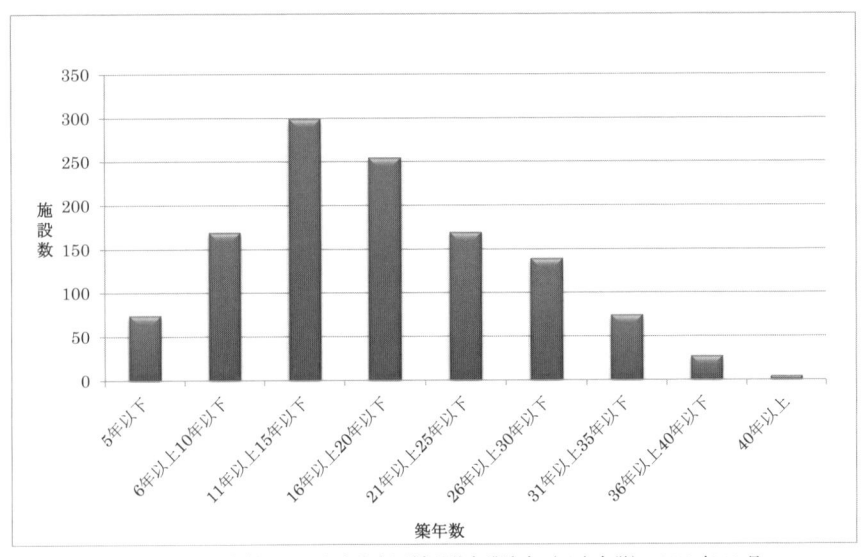

(出所) 環境省担当者発表資料, 於・廃棄物資源循環学会講演会 (日本大学)、2013 年 11 月.

図 9-3　焼却施設の築年数ごとの分布

おいて，焼却施設の更新や最終処分場の整備・延命化は，喫緊の課題となっている．

　全国各地で老朽焼却施設の建替えや最終処分場の整備・延命化の必要に直面するようになってきた状況のもとで，有料化をはじめとした3R施策によりごみ量を大幅に削減することにより，施設規模の縮小化，建替えの不要化，最終処分量の最小化を実現し，経費削減に結び付けるごみ戦略の重要性が高まってきた．

(4)　**廃棄物会計基準の導入による効率化**

　環境省は，ごみ処理の効率化に役立てるねらいで2007年6月，一般廃棄物会計基準を策定し公表した．同省の資料によると[1]，この会計基準の目的には，①会計基準にしたがって作成したごみ処理事業の財務諸表を公表することで，社会に対する説明責任を果たす，②廃棄物会計をごみ処理事業の管理ツールとして利用することによって，ごみ処理事業の効率化を図る，の2つがあるとされる．

　この会計基準では，対象となる費目の定義，共通費の配賦方法，減価償却方法などコスト分析についての標準的な手法が示されている．この基準に準拠して諸経費を仕分けすることにより，自治体は住民に対して部門別のごみ処理経費をわ

かりやすい形で開示することができるだけでなく，有料化手数料設定時のコスト的裏付けとしての利用，類似する他自治体とのコスト比較による効率化状況の把握などに役立てることができる．

しかし，これまでのところ，全国の自治体によるこの会計基準の導入率は，数％（数十団体）と，きわめて低い水準にとどまっているようである．現状では，複式簿記を採用していても，まだ独自基準や全国都市清掃会議『原価計算の手引き』に基づく会計制度を運用している自治体が多いが，環境省の会計基準に関心を寄せる自治体は増加しており，導入率は徐々に高まっていくものとみられる．

全国の自治体においてほぼ同一の基準で部門別ごみ種別に諸経費の仕分けがされるようになれば，自治体による諸施策・事業によるコスト効果の把握，部門間や施設間のコスト管理の適正化，さらには類似自治体間比較によるごみ処理効率化などに結び付けることができる．一般廃棄物会計基準は全国の自治体が導入しやすいように，かなり柔軟性をもたせて運用されており，早期の普及が待たれる．

3 基本計画で効率化への道筋を示す

本書では，家庭ごみ有料化について，その現状を分析し，実施で得られるごみ減量効果を検証した．さらに，その減量効果を経費削減に結び付ける可能性について分析を試みた．有料化は全国の自治体で着実に進展しており，多くの自治体においてごみ減量の成果をもたらしている．

近年有料化に取り組む自治体の中には，有料化のねらいとして，ごみ減量による中間処理施設の更新不要化や施設規模の縮小化，それによる経費の大幅削減，さらには環境負荷軽減の効果を明示的に掲げるところもある．有料化の成果について，ごみ減量にとどまらず，行政経費の削減，環境負荷の軽減，ごみへの関心強化を通じた協働的な3Rの取り組みなど，もっと大きな枠組みで捉える機運が芽生えてきている．

有料化をはじめとする3R施策を織り込んだ一般廃棄物処理基本計画の策定にあたっては，計画の戦略性を重視することで，ごみ減量の実現を通じた将来にわたる効率化や環境負荷軽減への道筋を示して，住民の理解を得ることが大切である．

注
1）環境省『一般廃棄物処理事業の3R化に向けて』2013年11～12月.

【付録1】
全国都市家庭ごみ有料化実施状況（2014年4月現在）
（※なお、最新更新版は著者のホームページ（http://www2.toyo.ac.jp/~yamaya/）で公開されている）

有料化都市数　450市（単純従量制422市＋超過従量制28市）
全国813市区に占める比率55.4%

■単純従量制（422市）

円／大袋1枚

都道府県	市区	開始年月	可燃ごみ	資源物	減免制
北海道	札幌市	2009.7	80		S，V
	函館市	2002.4	80		S，V
	小樽市	2005.4	80		S，V
	旭川市	2007.8	80		S，V
	室蘭市	1998.10	80	プラ60/30L	S，V
	釧路市	2005.4	100		S，V
	帯広市	2004.10	120		S，V
	北見市	2004.11	90		S，V
	夕張市	2007.7	80		S，V
	網走市	2004.10	80		S，V
	留萌市	2000.12	125	生ごみ125/12L	V
	苫小牧市	2013.7	80		S，V
	稚内市	2009.4	80		S，V
	美唄市	2007.10	80		S，V
	芦別市	2004.4	105	びん・缶・ペットボトル・プラ18，生ごみ120/12L	V
	江別市	2004.10	80		S，V
	赤平市	2003.4	80	びん・缶・ペットボトル10/20〜50L，生ごみ80/12L	S，V
	紋別市	2003.7	80		V
	名寄市	2003.4	80	生ごみ80/12L	-
	三笠市	2004.12	80		-
	根室市	1998.4	63		S
	千歳市	2006.5	80		V
	滝川市	2003.4	80	びん10/20L，缶10/40L，ペットボトル10/50L，生ごみ80/12L	S，V
	砂川市	2000.9	80	ペットボトル・缶・びん・紙類20	S，V
	歌志内市	2002.10	80	びん・缶・ペットボトル15 生ごみ80/10L	V
	深川市	2003.7	80	生ごみ80/14L	S，V
	登別市	2000.4	80		V
	恵庭市	2010.4	80		S，V
	伊達市	1989.7	80	生ごみ40/20L	V
	北広島市	2008.10	80		S，V
	石狩市	2006.10	80		S，V

県	市	年月	料金	備考	区分
青森県	八戸市	2001.6	30		S, V
	黒石市	2008.1	60		V
	むつ市	1995.7	30		V
	平川市	2008.4	30		V
岩手県	北上市	2008.12	63		S, V
宮城県	仙台市	2008.10	40	プラ 25	S, V
	白石市	2012.7	50		V
	角田市	2012.7	50		S, V
	登米市	2005.4（市制施行）		50	-
秋田県	秋田市	2012.7	45		S, V
	能代市	2001.10	40		V
	横手市	2007.4	31.5	プラ 21	V
	湯沢市	1992.5	33.3	ペットボトル・プラ 20	V
	由利本荘市	2007.10	30	びん・缶・ペットボトル 20	V
	潟上市	2005.3（市制施行）	33.3		V
	大仙市	2008.4	40		S, V
山形県	山形市	2010.7	35/35L	プラ 35/35L	S, V
	米沢市	1999.4	50/30L	ペットボトル・プラ 50	S, V
	新庄市	1999.4	40/35L		V
	寒河江市	1998.4	50/30L	びん・缶 50/30L ペットボトル・プラ 50/35L	V
	上山市	2010.7	35/35L	プラ 35/35L	S, V
	村山市	1995.7	40/35L	びん・缶・金属・ペットボトル・プラ 40	S, V
	長井市	1999.4	50/30L	ペットボトル・プラ 50	V
	天童市	1995.7	40/35L	びん・缶・金属・ペットボトル・プラ 40	-
	東根市	1995.7	40/35L	びん・缶・金属・ペットボトル・プラ 40	V
	尾花沢市	2005.10	30/30L	びん・缶・ペットボトル 30/30L	V
	南陽市	1997.4	50/30L	ペットボトル・プラ 50	S, V
福島県	白河市	1999.10	55		S, V
	田村市	2005.3（市制施行）	50	びん・缶・ペットボトル・プラ 40/25L	V
茨城県	水戸市	2006.4	30		S, V
	日立市	2002.6	30		V
	常陸太田市	1992.10	30		-
	高萩市	2002.10	30		V
	北茨城市	2003.4	30		-
	笠間市	1996.4	19.7		V
	ひたちなか市	1995.10	20		V
	潮来市	2004.4	25		V

	常陸大宮市	2004.10 (市制施行)	15		V
	小美玉市	2006.3 (市制施行)	20		V
	行方市	2008.10	18		V
栃木県	足利市	2008.4	15		S
	鹿沼市	2006.10	30		S，V
	真岡市	2014.4	50		V
	矢板市	1995.10	40		V
	那須塩原市	2009.4	50		V
	さくら市	2005.3 (市制施行)	40		-
	那須烏山市	2005.10 (市制施行)	20		V
群馬県	太田市	2005.3	15, 不燃 40		S，V
	安中市	1998.4	10		V
埼玉県	秩父市	1996.7	35/35 L		S，V
	加須市	2013.4	25		V
	蓮田市	2000.4	50		V
	幸手市	2006.10	50		S，V
	白岡市	2012.10 (市制施行)	50		V
千葉県	千葉市	2014.2	36		S，V
	銚子市	2004.10	30	びん・缶・ペットボトル・プラ 10	V
	館山市	2002.7	30		V
	木更津市	2004.4	45		V
	茂原市	2006.1	65		-
	旭市	1973.4	45/30L	びん・缶・ペットボトル・プラ 25/30～45L	S，V
	八千代市	2000.7	24		S，V
	鴨川市	2004.4	50		V
	富津市	1971.4	15	びん・缶・ペットボトル・プラ 15	V
	袖ケ浦市	2001.7	16		V
	勝浦市	008.7	40		V
	東金市	2008.7	35		V
	匝瑳市	1970.9	40	びん・缶・ペットボトル・プラ 20	S
	香取市	2008.10	51		V
	南房総市	2006.4 (市制施行)	50		V
	山武市	2006.3 (市制施行)	40/30L	びん・缶・ペットボトル 20/35L	V
	いすみ市	2005.12 (市制施行)	50	びん・缶・ペットボトル 50	V

	大網白里市	2009.10 （2013.1 市制施行）	35		S、V
東京都	八王子市	2004.10	75		S、V
	立川市	2013.11	80		S、V
	武蔵野市	2004.10	80		S、V
	三鷹市	2009.10	75		S、V
	青梅市	1998.10	60	プラ 30	S、V
	府中市	2010.2	80	プラ 40	S、V
	昭島市	2002.4	60	プラ 60	S、V
	調布市	2004.4	84		S、V
	町田市	2005.10	64		S、V
	小金井市	2005.8	80	プラ 80	S、V
	日野市	2000.10	80		S、V
	東村山市	2002.10	72	プラ 30	S、V
	国分寺市	2013.7	80		S、V
	福生市	2002.4	60		S、V
	狛江市	2005.10	80		S、V
	清瀬市	2001.6	40	プラ 40	S、V
	多摩市	2008.4	60	プラ 10/20L	S、V
	稲城市	2004.10	60		S、V
	羽村市	2002.10	60		S、V
	あきる野市	2004.4	60		S、V
	西東京市	2008.1	60	プラ 20	S、V
神奈川県	藤沢市	2007.10	80		S
	大和市	2006.7	64		S、V
新潟県	新潟市	2008.6	45		S、V
	長岡市	2004.10	52		S、V
	三条市	2003.10	45		S、V
	柏崎市	2009.10	70/50L		S、V
	新発田市	1999.11	50/36L		S、V
	小千谷市	2011.4	45		S
	十日町市	2001.7	50/50L		S
	見附市	2004.10	45		S、V
	村上市	2002.10	35		S、V
	燕市	2002.10	45		S
	妙高市	2005.4	50/60L		S、V
	上越市	2008.4	49.5	生ごみ 15/15L	S、V
	佐渡市	1999.4	20		V
	魚沼市	2004.11 （市制施行）	32	プラ 15	V
	南魚沼市	2004.11 （市制施行）	50		V
	胎内市	2005.9 （市制施行）	50		S、V

富山県	高岡市	1998.10	30		S
	魚津市	1995.4	18		V
	氷見市	2007.4	30		S，V
	黒部市	1995.4	18		V
	砺波市	1992.4	30		V
	小矢部市	1995.10	30	プラ 15	V
	南砺市	2004.11（市制施行）	20	プラ 10	V
	射水市	2003.4	30		V
石川県	七尾市	2000.4	60		S
	輪島市	2000.4	30		V
	珠洲市	2001.4	30		V
	加賀市	2008.10	60		S，V
	羽咋市	1994.10	50（旧超過量方式）		S，V
	かほく市	2004.3（市制施行）	40		V
	能美市	2005.2（市制施行）	25	プラ 13	V
福井県	あわら市	2004.3（市制施行）	30	缶・プラ 25	V
	坂井市	2006.3（市制施行）	30	缶 25	V
山梨県	富士吉田市	2009.4	18		V
	山梨市	2007.1	15		S，V
	南アルプス市	2003.4（市制施行）	15		V
	北杜市	2004.11（市制施行）	15/30L		V
長野県	長野市	1996.11	30 + 袋代 /30L（旧超過量方式）	プラ 7/30L（市価）	S，V
	上田市	1996.7	50/50L	プラ 10/50L（市価）	V
	岡谷市	2010.4	60 + 袋代		S，V
	飯田市	1999.12	60 + 袋代 /30L	13.4/75L（市価）	S，V
	須坂市	2003.7	30 + 袋代 /30L（旧超過量方式）	プラ 12.6（市価）	S，V
	小諸市	2006.10	25 + 袋代	生ごみ 15 + 袋代 /15L, プラ 16(市価)	V
	中野市	2007.10	48 + 袋代 /30L	プラ 12/30L	S，V
	大町市	2005.4	30 + 袋代		V
	塩尻市	2005.10	60+ 袋代		S，V
	東御市	2003.9（2004.4市制施行）	50/30L	プラ 10/30L（市価）	―

	安曇野市	2001.10 (2005.10 市制施行)	30 + 袋代 /30L		V
岐阜県	多治見市	1997.1	50		V
	瑞浪市	1977.4	37		V
	恵那市	1976.4	31.5		S，V
	美濃加茂市	1972	30/35L	びん・缶 10/35L	S，V
	可児市	1972	30		
	山県市	2003.4 (市制施行)	50		V
	瑞穂市	2003.5 (市制施行)	50		V
	飛騨市	2004.2 (市制施行)	68	紙類・プラ 30	V
	本巣市	2004.2 (市制施行)	50		S，V
	郡上市	2005.3 (市制施行)	50	プラ・古布類 25	V
	下呂市	2004.3 (市制施行)	65	びん・缶・金物・ペットボトル・新聞雑誌・ダンボール（シール）65	V
	海津市	2005.3 (市制施行)	40		−
静岡県	熱海市	2010.4	30		V
	下田市	2007.7	30		V
	伊東市	2008.10	30		V
	湖西市	2006.10	15		V
	伊豆市	2010.4	30		S，V
	御前崎市	2004.4 (市制施行)	20/36L	ペットボトル・プラ 20/39L	V
	菊川市	2005.1	21/30L		−
	伊豆の国市	2005.4 (市制施行)	9	プラ 8	S．V
	牧之原市	2005.10 (市制施行)	20/36L	プラ 20/39L	S
愛知県	津島市	2002.4	20	ペットボトル・プラ 20	V
	犬山市	2009.12	30		S．V
	常滑市	2012.10	50		S．V
	知立市	1998.4	13/35L	プラ 13	V
	日進市	1970.6	15/35L	プラ 15/60L	V
	愛西市	2005.4 (市制施行)	20		V
	弥富市	2006.4 (市制施行)	20		V
	みよし市	2010.1 (市制施行)	20		V

	あま市	2010.3 (市制施行)	20	プラ 20	V
	長久手市	2012.1 (市制施行)	15		V
三重県	桑名市	1997.4	15		V
	名張市	2008.4	54		S，V
	尾鷲市	2013.4	45		S，V
	鳥羽市	2006.10	45		S，V
	志摩市	2004.10 (市制施行)	50	缶・びん・ペットボトル・プラ 15	-
	伊賀市	2007.1	20		S
滋賀県	長浜市	1999.11	45 (旧超過量方式)		S，V
	近江八幡市	2012.4	45		V
	守山市	1982.7	36/30L (旧超過量方式)		S，V
	甲賀市	1987	25		V
	栗東市	1980	50 (旧超過量方式)		V
	野洲市	1982.1	50/35L	プラ 25/70L	V
	湖南市	2005.10 (市制施行)	25	プラ 25	S，V
	米原市	1999.11 (2005.2 市制施行)	45 (旧超過量方式)		S，V
京都府	京都市	2006.10	45	缶・びん・ペットボトル・プラ 22	S，V
	福知山市	2001.2	45	プラ 31.5	V
	舞鶴市	2005.10	40		S，V
	綾部市	1999.9	30		V
	宮津市	2006.10	45	発泡スチロール 18.5， プラ・紙製容器 16	S，V
	亀岡市	2003.9	40		V
	京丹後市	2004.4 (市制施行)	30		V
	南丹市	2006.1 (市制施行)	75.6	プラ 31.5	-
大阪府	岸和田市	2002.7	45 (旧超過量方式)		S，V
	池田市	2006.4	32 (旧超過量方式)		S，V
	泉大津市	2010.12	45		S，V
	貝塚市	2004.4	9		-
	泉佐野市	2006.4	50/50L		S，V
	泉南市	2008.4	45		S，V
	阪南市	2008.4	45		S，V

兵庫県	洲本市	1994.7	35/35L (旧超過量方式)		V
	相生市	1998.10	45		S，V
	豊岡市	2003.10	50	びん・缶・ペットボトル・紙製容器包装・プラ15	S，V
	西脇市	2007.4	35	ペットボトル・プラ25	S，V
	加西市	1994.10	50 (旧超過量方式)		S，V
	篠山市	1981.4	45	ペットボトル・金属類・缶びん類45/30L, プラ45	V
	養父市	2004.4 (市制施行)	60		S，V
	丹波市	2004.11 (市制施行)	80	プラ50	S，V
	南あわじ市	2005.1 (市制施行)	31.5		V
	朝来市	2005.4 (市制施行)	80		V
	淡路市	2005.4 (市制施行)	42		S，V
	宍粟市	2005.4 (市制施行)	25		V
	加東市	2006.3 (市制施行)	30		V
奈良県	大和高田市	2006.4	45		V
	橿原市	2003.4	45		S，V
	桜井市	2000.10	47		V
	五條市	1994	25		V
	御所市	2006.12	45		V
	宇陀市	2006.1 (市制施行)	40	ペットボトル・プラ20	V
和歌山県	海南市	2012.4	25		V
	橋本市	1973.4	50	ペットボトル・プラ15	V
	有田市	1995.10	30	びん・缶・プラ25	V
	御坊市	1995.10	50		V
	田辺市	1995.10	42/50L	びん・缶・金属類・プラ42/50L	V
	紀の川市	2005.11 (市制施行)	15	びん・缶・ペットボトル・プラ・乾電池・蛍光灯15	-
鳥取県	鳥取市	2007.10	60	プラ30	S，V
	米子市	2007.4	60		S，V
	倉吉市	1995.10	30 (旧超過量方式)		S，V
	境港市	2004.10	41		V
島根県	松江市	2005.4	40	プラ・紙製容器包装19	V

	浜田市	2004.4	31.5/50L	びん・缶・ペットボトル・プラ 15.7/50L	V
	出雲市	2001.4	50 (旧超過量方式)	びん・缶・ペットボトル 10	V
	益田市	2007.10	60	プラ 20	V
	大田市	2006.4	50		-
	安来市	1972	46 (旧超過量方式)	びん・缶・ペットボトル・雑誌・プラ・金属 35	V
	江津市	1972.4	30		V
	雲南市	2004.11 (市制施行)	44	びん・缶 42	V
岡山県	岡山市	2009.2	50		S, V
	津山市	1997.8	52.5	プラ 31.5	V
	井原市	2009.7	45		S, V
	総社市	2006.4	23		V
	新見市	2005.4	50		V
	備前市	2005.1	45		V
	瀬戸内市	2004.11 (市制施行)	20		-
	赤磐市	2005.3 (市制施行)	45		V
	真庭市	2005.3 (市制施行)	50		V
	美作市	2005.4	30		V
	浅口市	2006.3 (市制施行)	12		V
広島県	呉市	2004.10	40		S, V
	三原市	1995.4	36 (旧超過量方式)		S, V
	府中市	2007.10	36.3	びん・缶 36.3	S, V
	三次市	2003.4	22/30L	資源物・布資源 10	-
	安芸高田市	1995.4 (2004.3 市制施行)	65/30L	ペットボトル・トレイ・紙類 30/25～40L	V
	庄原市	2005.4 (2005.3 市制施行)	35/30L (80/80L)	びん・缶・金属類・ペットボトル ・プラ 30～45/30～40L	V
	大竹市	2013.10	45		S, V
山口県	下関市	2003.6	30	びん・缶・ペットボトル・プラ 18	V
	山口市	2005.10	10		S
	防府市	2001.1	13		-
	岩国市	2002.7	30	びん・缶・ペットボトル・プラ 30	-

	柳井市	1978.4	30 (旧超過量方式)		V
	美祢市	1979	25		V
	山陽小野田市	2008.10	5＋袋代		V
徳島県	鳴門市	2002.10	35		S，V
	小松島市	1994.6	25		V
	吉野川市	2004.10 (市制施行)	20		V
	阿波市	2005.4 (市制施行)	25		V
	美馬市	2005.3 (市制施行)	30		S，V
香川県	高松市	2004.10	40		S，V
	丸亀市	2005.10	40		V
	坂出市	2008.4	45	プラ 11	V
	善通寺市	1995.12	40		V
	さぬき市	2002.4	40		V
	東かがわ市	2003.4 (市制施行)	30		V
	三豊市	2006.1 (市制施行)	30/30L		S，V
愛媛県	今治市	1999.4	20		V
	宇和島市	1996.4	40	びん・缶・ペットボトル 40	V
	八幡浜市	1997.7	9.5		V
	大洲市	1999.4	40		V
	伊予市	2006.10	40		V
	西予市	2004.4 (市制施行)	40		V
高知県	室戸市	1982.4	40		V
	安芸市	1995.4	50		V
	南国市	1975	45	びん・ペットボトル・プラ 30	V
	土佐市	1999.4	50	びん・缶・紙類・衣類・ペットボトル ・プラ 20	V
	須崎市	1974.4	46		V
	宿毛市	1976.6	50		V
	土佐清水市	1989.4	50		V
	四万十市	1978.2	60	蛍光灯 60	V
	香南市	2006.3 (市制施行)	30	びん・缶・ペットボトル・プラ 20	V
	香美市	2006.3 (市制施行)	25/52L	ペットボトル・プラ 40/47L	V
福岡県	福岡市	2005.10	45	びん・ペットボトル 22	V
	北九州市	1998.7	50	びん・缶・ペットボトル 12/25L，プラ 20	S，V
	大牟田市	2006.2	40		S，V

	久留米市	1993.4	25/30L		V
	直方市	1998.2	63		V
	飯塚市	1998.4	73.5	びん・缶 73.5	V
	田川市	1996.4	40/49L	ペットボトル・プラ 15/49L	S,V
	柳川市	1976.4	20/30L	ペットボトル・トレイ 20/30L	V
	八女市	1983.4	40		V
	筑後市	1971	40/50L	プラ 20/60L	V
	行橋市	2002.7	60	びん・缶・ペットボトル・プラ 20	V
	中間市	1995.7	71.4	びん・缶・プラ 30.6	V
	小郡市	1998.9	50/35L		V
	筑紫野市	1993.7	50		V
	春日市	2006.4	45	びん・缶・ペットボトル・トレイ 15/30L	V
	大野城市	1994.7	45	びん・缶・ペットボトル・トレイ 30/30L	V
	宗像市	1964.1	64		V
	太宰府市	1992.7	42	ペットボトル・トレイ 30/30L	V
	糸島市	1993.4	50	資源物 50（集団回収を推奨）	V
	古賀市	1978.4	60		V
	福津市	2005.1（市制施行）	55		V
	うきは市	2005.3（市制施行）	20/50L		V
	宮若市	2006.2（市制施行）	84	ペットボトル 42	V
	嘉麻市	1999	52.5/50L		V
	朝倉市	1993	50		V
	みやま市	1997.10 2007.1（市制施行）	25.6		V
佐賀県	佐賀市	1996.3	40	びん・缶・ペットボトル 20/30L	S,V
	唐津市	2000.7	40	びん・缶 20/33L	S,V
	鳥栖市	1994.8	40	金属類 40/38L	V
	多久市	1976	40	ペットボトル・プラ 30	V
	伊万里市	1972	40	びん・金属類・トレイ 32〜33/30〜32L，ペットボトル 48	V
	武雄市	1969.4	30/35L	びん・缶・ペットボトル 20/30L	V
	鹿島市	1972	40/35L	びん・缶・ペットボトル・プラ・容器包装紙 40/30L	V
	小城市	2005.3（市制施行）	40		S,V
	嬉野市	2006.1（市制施行）	40	びん・缶・ペットボトル・プラ 20	V

長崎県	神埼市	2006.3 (市制施行)	30/30L	びん・缶 30/30L トレイ・ペットボトル 20	V
	島原市	1972.12	21/50L		V
	諫早市	1967.4	25	ペットボトル 25/50L	S，V
	大村市	2001.4	30		V
	平戸市	1981.7	40	びん・缶・ペットボトル 30	V
	松浦市	1972.4	30	びん・缶・ペットボトル・危険物 30	V
	対馬市	2004.3 (市制施行)	60	びん・缶・ペットボトル・トレイ・紙類 30	V
	壱岐市	2004.3 (市制施行)	40		S，V
	五島市	2000.4	40		V
	西海市	2005.4 (市制施行)	15	びん・缶・ペットボトル 15	V
	雲仙市	2005.10 (市制施行)	20		V
	南島原市	2006.3 (市制施行)	20		V
熊本県	熊本市	2009.10	35		V
	八代市	1999.4	50		V
	人吉市	1992	20	びん・缶・金属類ペットボトル・布類 20	V
	荒尾市	2008.4	45		S
	玉名市	1996.10	25		V
	山鹿市	2005.1	25		V
	菊池市	1985.4	20/60L	ペットボトル・プラ 20/60L	S，V
	宇土市	2001.4	35		V
	上天草市	2004.3 (市制施行)	20		V
	宇城市	2005.1 (市制施行)	20		V
	阿蘇市	2005.2 (市制施行)	21	びん・缶・ペットボトル 25	V
	天草市	1997.4	50		−
	合志市	2006.2 (市制施行)	20		V
大分県	別府市	1997.4	21	びん・缶・ペットボトル 18.9	S
	日田市	2004.10	35		S，V
	佐伯市	2005.3	30		V
	臼杵市	2005.3	30		S，V
	津久見市	2007.7	30		S，V
	竹田市	1981.4	20	びん・缶・ペットボトル 20	S，V
	豊後高田市	2005.4	25		S

	杵築市	2006.10	21	びん・缶・ペットボトル・古布 21	S, V
	宇佐市	2006.7	30		V
	豊後大野市	2005.3（市制施行）	30	プラ 30	-
	由布市	2005.10（市制施行）	25		-
	国東市	2006.3（市制施行）	42	缶・ペットボトル 42　びん 31.5	V
宮崎県	宮崎市	2002.6	40		S, V
	延岡市	2009.4	40		S, V
	日南市	2010.4	40		V
	串間市	1998	30		V
	西都市	1969	30		V
鹿児島県	鹿屋市	2001.7	32		V
	阿久根市	2004.4	31.5	缶 31.5，プラ 21	V
	出水市	1996.4	15		V
	伊佐市	1995.4	38	びん・缶・ペットボトル 32	V
	西之表市	2004.7	40		V
	垂水市	1996.10	15		V
	薩摩川内市	1995.4	15		V
	日置市	2005.5（市制施行）	25		S, V
	曽於市	2005.7（市制施行）	15		V
	姶良市	2010.3（市制施行）	23	びん・缶・プラ 23	V
沖縄県	那覇市	2002.4	30		V
	うるま市	2004.10	30	びん・缶・ペットボトル 20	S, V
	宜野湾市	2004.4	30		V
	石垣市	2003.9	20		V
	浦添市	1995.1	20		S
	名護市	2009.2	54		V
	糸満市	1975.12	20	びん・缶・ペットボトル 15	S, V
	沖縄市	2000.12	20		V
	豊見城市	2003.5	21	びん・缶・ペットボトル 11.5	V
	宮古島市	2008.4	30		V
	南城市	2006.1（市制施行）	20		V

■超過従量制（28市）

円／超過大袋1枚

都道府県	市区	開始年度	可燃ごみ	資源物	減免制
茨城県	下妻市	1997.4	50		V
千葉県	野田市	1995.4	170		S, V
	君津市	2000.10	180		S, V
新潟県	阿賀野市	2004.4（市制施行）	50		S, V
長野県	伊那市	2003.4	30+袋代／超過量180+袋代		S, V
	駒ヶ根市	2003.4	30+袋代／超過量180+袋代		S, V
	千曲市	2000.4	40+袋代／超過量150+袋代/55L		S, V
岐阜県	大垣市	1994.7	150		S, V
	高山市	1992.4	105		S, V
	関市	1996.10	300		S, V
静岡県	御殿場市	1995.7	150		S, V
愛知県	碧南市	1999.7	100		S, V
	東海市	1995.12	110		S, V
	高浜市	1995.7	50		V
滋賀県	草津市	1974	110	ペットボトル・プラ 110/60L	S, V
大阪府	箕面市	2003.10	60/30L		S, V
	富田林市	1996.2	100		S, V
	河内長野市	1996.2	100/30L		S, V
	大阪狭山市	1996.2	100		S, V
	高石市	2013.4	90		S, V
和歌山県	新宮市	2002.4	63		S, V
	岩出市	2012.7	45		S, V
岡山県	笠岡市	2002.4	100		S, V
山口県	萩市	1993.4	50	プラ 50	V
愛媛県	西条市	1994.4	100		S, V
	東温市	1994.4	50/50L		V
福岡県	大川市	1994.10	31.5/25L		V
長崎県	佐世保市	2005.1	220		S, V

(注) 1. 手数料体系は，可燃ごみの手数料体系により，単純従量制と超過従量制に区分（超過従量制には二段階従量制も含む）。
2. 可燃ごみ，資源物とも大袋（40-45 L）1枚の価格で表記（容量が異なる場合は記載）。
3. 減免制度欄は，社会的配慮からの減免措置（紙おむつを必要とする世帯，経済的に困難な世帯などが対象）についてS，ボランティア清掃奨励の無料袋・シール配布措置についてVと表記。
4. 2003年4月以降の町村合併による新市のみ（市制施行）と表記。
5. ここでの「有料化」は，家庭系可燃ごみの定日収集・処理について，市町村に収入をもたらす従量制手数料を徴収すること，と定義した。

【付録2】

全国町村家庭ごみ有料化実施状況の県別一覧
（2014年4月現在）

都道府県	町村名と大袋1枚の価格
北海道	当別町 80円, 松前町 78円, 福島町 50円, 知内町 31円, 木古内町 47円, 森町 110円, 八雲町 100円, 長万部町 120円, 上ノ国町 105円, 江差町 105円, 厚沢部町 105円, 乙部町 105円, せたな町 105円, 今金町 105円, 奥尻町 125円, 寿都町 150円, 黒松内町 150円, 蘭越町 100円, ニセコ町 100円, 喜茂別町 90円, 京極町 80円, 倶知安町 80円, 共和町 100円, 岩内町 100円, 積丹町 90円, 余市町 80円, 仁木町 80円, 古平町 120円, 奈井江町 80円, 上砂川町 80円, 栗山町 70円, 月形町シール 40円, 浦臼町 80円, 新十津川町 80円, 妹背牛町 80円, 秩父別町 80円, 雨竜町 80円, 北竜町 80円, 沼田町 80円, 幌加内町 46円, 東神楽町 30円, 当麻町シール 35円, 比布町シール 35円, 愛別町シール 35円, 上川町シール 35円, 東川町 100円, 美瑛町 30円, 上富良野町 105円, 下川町 84円, 美深町 80円, 中川町 80円, 増毛町 80円, 苫前町 100円, 羽幌町 100円, 遠別町 80円, 天塩町 80円, 幌延町 80円, 浜頓別町 45円, 中頓別町 47円, 枝幸町 30円, 豊富町 80円, 大空町 90円, 美幌町 80円, 津別町 90円, 斜里町 90円, 清里町 90円, 小清水町 90円, 訓子府町 95円, 置戸町 95円, 佐呂間町 90円, 遠軽町 90円, 湧別町 90円, 滝上町 70円, 興部町 80円, 雄武町 50円, 豊浦町 80円, 壮瞥町 80円, 白老町 80円, 厚真町 80円, 洞爺湖町 80円, 安平町 80円, むかわ町シール 70円, 日高町シール 70円, 平取町シール 70円, 新冠町 100円, 新ひだか町 80円, 浦河町 60円, 様似町シール 200円, えりも町 200円, 音更町 120円, 士幌町 120円, 上士幌町 120円, 鹿追町 120円, 新得町 120円, 清水町 120円, 芽室町 120円, 大樹町 70円, 広尾町 70円, 幕別町 120円, 池田町 120円, 豊頃町 120円, 本別町 120円, 足寄町 120円, 陸別町 135円, 浦幌町 120円, 釧路町 100円, 浜中町 100円, 標茶町 80円, 弟子屈町 108円, 白糠町 105円, 別海町 60円, 中標津町 80円, 標津町 90円, 羅臼町 120円, 新篠津村 80円, 島牧村 150円, 留寿都村 90円, 泊村 100円, 神恵内村 100円, 赤井川村 80円, 真狩村 60円, 音威子府村 80円, 猿払村 45円, 初山別村 100円, 中札内村 160円, 更別村 160円, 鶴居村 100円
青森県	平内町 30円, 今別町 20円, 外ヶ浜町 20円, 鰺ヶ沢町 30円, 深浦町 30円, 大鰐町 45円, 板柳町 15円, 野辺地町 30円, 横浜町 30円, 大間町 30円, 鶴田町 15円, 蓬田村 20円, 六ヶ所村 7円, 東通村 30円, 風間浦村 30円, 佐井村 30円
秋田県	三種町 30円, 八峰町 36円, 藤里町 36円, 五城目町 40円, 八郎潟町 50円, 美郷町 40円, 羽後町 33.3円, 大潟村 50円
岩手県	なし

宮城県	蔵王町 50 円，七ヶ宿町 50 円，大河原町 50 円，村田町 50 円，柴田町 50 円，川崎町 50 円，丸森町 50 円
山形県	山辺町 35 円，中山町 35 円，西川町 50 円，朝日町 50 円，大江町 50 円，河北町 40 円，大石田町 30 円，高畠町 50 円，川西町 50 円，小国町 50 円，白鷹町 50 円，飯豊町 50 円，金山町 50 円，最上町 50 円，舟形町 50 円，真室川町 50 円，大蔵村 50 円，鮭川村 50 円，戸沢村 50 円
福島県	会津坂下町 50 円，矢吹町 55 円，棚倉町 30 円，矢祭町 30 円，塙町 30 円，石川町 30.7 円，浅川町 30.7 円，古殿町 30.7 円，三春町 25 円，小野町 30 円，広野町 50 円，楢葉町 50 円，富岡町 50 円，大熊町 50 円，双葉町 50 円，浪江町 50 円，玉川村 30.7 円，平田村 30.7 円，西郷村 55 円，泉崎村 55 円，中島村 55 円，鮫川村 30 円，北塩原村 35 円，川内村 50 円，葛尾村 50 円，飯舘村 50 円
茨城県	茨城町 20 円，大洗町 20 円，城里町 25 円，河内町 15 円，八千代町超過量 50 円，東海村 20 円
栃木県	益子町 50 円，茂木町 50 円，市貝町 50 円，芳賀町 50 円，塩谷町 40 円，高根沢町 40 円，那珂川町 20 円，那須町 50 円
群馬県	吉岡町 15 円，神流町 15 円，下仁田町 25 円，甘楽町 60 円，中之条町 40 円，長野原町 40 円，草津町 22 円，東吾妻町 40 円，みなかみ町 70 円，板倉町 40 円，明和町 35 円，榛東村 15 円，上野村 20 円，南牧村 25 円，嬬恋村 40 円，高山村 40 円，片品村 16 円，川場村 40 円，昭和村 40 円
埼玉県	杉戸町 40 円，横瀬町 50 円，皆野町 50 円，長瀞町 50 円，小鹿野町 50 円
千葉県	栄町 45 円，神崎町 35 円，多古町 40 円，横芝光町 50 円，九十九里町 35 円，芝山町 50 円，一宮町 65 円，睦沢町 65 円，白子町 65 円，長柄町 65 円，長南町 65 円，大多喜町 50 円，鋸南町 50 円，長生村 65 円
東京都	瑞穂町 60 円，日の出町 67 円，奥多摩町 67 円，大島町 18.4 円
神奈川県	二宮町 21 円
新潟県	湯沢町 50 円，出雲崎町 52 円，聖籠町超過量 60 円，弥彦村 45 円，刈羽村 70 円，関川村 35 円
富山県	入善町 18 円，朝日町 18 円
石川県	川北町 25 円，津幡町 40 円，内灘町 40 円，中能登町 40 円，穴水町 30 円，能登町 30 円，宝達志水町 32 円，志賀町超過量・シール 100 円
福井県	越前町 25 円，美浜町 19 円，高浜町 15 円，おおい町 20 円，若狭町 19 円
山梨県	市川三郷町 20 円，富士川町 20 円，早川町 20 円，身延町 20 円，南部町 25 円，山中湖村 30 円

長野県	小海町 30 円，佐久穂町 20 円，軽井沢町 45 円，御代田町 35 円，立科町 25 円，長和町 50 円，下諏訪町 45 円，辰野町 44 円，箕輪町 44 円，飯島町 44 円，松川町 60 円，高森町 85 円，阿南町 80 円，木曽町 60 円，上松町 50 円，南木曽町 50 円，池田町 41 円，坂城町 40 円，信濃町 30 円，川上村 40 円，青木村 50 円，南箕輪村 44 円，中川村 44 円，宮田村 44 円，阿智村 80 円，平谷村 80 円，下條村 80 円，売木村 80 円，天龍村 80 円，泰阜村 80 円，喬木村 60 円，豊丘村 84 円，大鹿村 86.1 円，木祖村 60 円，王滝村 60 円，大桑村 50 円，麻績村 41.5 円，筑北村 41.5 円，生坂村 41.5 円，山形村 17.85 円，朝日村 70 円，松川村 41.5 円，白馬村 60 円，小谷村 50 円，野沢温泉村 49 円，小川村 33 円
岐阜県	養老町 40 円，関ヶ原町 40 円，神戸町 50 円，輪之内町 50 円，安八町 50 円，揖斐川町 50 円，大野町 50 円，池田町 40 円，坂祝町 30 円，富加町 50 円，川辺町 75 円，七宗町 70 円，八百津町 100 円，白川町 100 円，御嵩町 50 円，北方町超過量 100 円，東白川村 155 円，白川村 63 円
静岡県	南伊豆町 30 円，松崎町 32.5 円，西伊豆町 23 円，吉田町 20 円，川根本町 30 円，森町 25 円
愛知県	東郷町 15 円，大治町 20 円，蟹江町 20 円，幸田町 20 円，設楽町 20 円，東栄町 20 円，飛島村 20 円，豊根村 20 円
三重県	南伊勢町 30 円，木曽岬町 35 円
京都府	笠置町 18 円，和束町 30 円，京丹波町 75.6 円，与謝野町 10.5 円，伊根町 12.6 円，南山城村 30 円
大阪府	忠岡町 45 円，熊取町 20 円，田尻町 50 円，太子町超過量 100 円，河南町超過量 100 円，能勢町超過量 100 円，千早赤阪村超過量 100 円
兵庫県	多可町 35 円，上郡町 35 円，佐用町 40 円，香美町 60 円，新温泉町 50 円
奈良県	平群町 45 円、斑鳩町 45 円，川西町 45 円，三宅町 45 円，田原本町 45 円，高取町 40 円，上牧町 45 円，広陵町 45 円，河合町 40 円，吉野町 50 円，大淀町 47 円，下市町 50 円，黒滝村 50 円，天川村 100 円，十津川村 30 円，下北山村 40 円，上北山村 40 円，川上村 50 円，東吉野村 50 円，曽爾村 50 円，御杖村 50 円
和歌山県	紀美野町 30 円，湯浅町 20 円，日高町 50 円，白浜町 31 円，かつらぎ町 50 円，広川町 20 円，由良町 50 円，上富田町 30 円，九度山町 50 円，有田川町 25 円，印南町 50 円，みなべ町 45 円，すさみ町 31.5 円，高野町 70 円，美浜町 50 円，日高川町 50 円，那智勝浦町 20 円，古座川町 20 円，串本町 20 円
鳥取県	岩美町 25 円，若桜町 42 円，智頭町 60 円，八頭町 35 円，三朝町 50 円，湯梨浜町 30 円，琴浦町 26 円，北栄町 30 円，大山町 40 円，日南町 45 円，日野町 50 円，江府町 30 円，南部町 30 円，伯耆町 30 円，日吉津村 50 円

島根県	奥出雲町 45 円, 飯南町 63 円, 川本町 63 円, 美郷町 63 円, 邑南町 63 円, 津和野町 50 円, 吉賀町 50 円, 海士町シール 70 円, 西ノ島町シール 80 円, 隠岐の島町シール 80 円, 知夫村 100 円
岡山県	和気町 45 円, 早島町 30 円, 里庄町 12 円, 鏡野町 12 円, 久米南町 52 円, 美咲町 12 円, 吉備中央町 20 円, 新庄村 50 円, 西粟倉村 30 円
広島県	安芸太田町 50 円, 北広島町 65 円, 大崎上島町 45 円, 世羅町 150 円, 神石高原町 50 円
山口県	和木町 30 円, 上関町 28 円, 田布施町 20 円, 平生町 20 円, 阿武町 50 円
徳島県	勝浦町 25 円, 石井町 18 円, 神山町 31.5 円, 那賀町 30 円, 牟岐町 30 円, 美波町 30 円, 海陽町 30 円, 板野町 23 円, 上板町 25 円, つるぎ町 30 円, 佐那河内村 30 円
香川県	土庄町 15 円, 小豆島町 30 円, 三木町 40 円, 直島町 21 円, 宇多津町 45 円, 綾川町 30 円, 琴平町 30 円, 多度津町 40 円, まんのう町 40 円
愛媛県	上島町 30 円, 久万高原町 45 円, 松前町 40 円, 砥部町 40 円, 内子町 40 円, 伊方町 19 円, 松野町 40 円, 鬼北町 40 円, 愛南町 30 円
高知県	東洋町 40 円, 奈半利町 50 円, 田野町 50 円, 安田町 50 円, 大豊町 60 円, いの町 50 円, 仁淀川町 30 円, 中土佐町 45 円, 佐川町 30 円, 越知町 30 円, 檮原町 50 円, 津野町 60 円, 四万十町 50 円, 大月町 50 円, 黒潮町 50 円, 本山町 60 円, 土佐町 60 円, 北川村 50 円, 馬路村 90 円, 芸西村 35 円, 大川村 60 円, 日高村 50 円, 三原村 30 円
福岡県	那珂川町 39 円, 宇美町 50 円, 篠栗町 40 円, 志免町 50 円, 須恵町 50 円, 新宮町 60 円, 久山町 105 円, 粕屋町 55 円, 芦屋町 71.4 円, 水巻町 71.4 円, 岡垣町 71.4 円, 遠賀町 71.4 円, 小竹町 84 円, 鞍手町 84 円, 桂川町 52.5 円, 筑前町 50 円, 大刀洗町 60 円, 大木町 60 円, 広川町 30 円, 香春町 50 円, 添田町 63 円, 糸田町 80 円, 川崎町 52.5 円, 大任町 40 円, 福智町 65 円, みやこ町 30 円, 上毛町 20 円, 築上町 30 円, 東峰村 50 円, 赤村 52.5 円
佐賀県	吉野ヶ里町 30 円, 基山町 30 円, 上峰町 35 円, みやき町 40 円, 玄海町 15 円, 有田町 40 円, 大町町 35 円, 江北町 35 円, 白石町 35 円, 太良町 40 円
長崎県	長与町 17 円, 時津町 20 円, 東彼杵町 40 円, 川棚町 40 円, 波佐見町 40 円, 佐々町 45 円, 新上五島町 40 円
熊本県	美里町 20 円, 玉東町 40 円, 南関町 25 円, 長洲町 25 円, 和水町 25 円, 大津町 30 円, 菊陽町 30 円, 南小国町 21 円, 小国町 21 円, 高森町 21 円, 御船町 14 円, 嘉島町 15 円, 益城町 15 円, 甲佐町 14 円, 山都町 10 円, 氷川町 12 円, 芦北町 19 円、津奈木町 15 円, 錦町 17 円, あさぎり町 15.8 円, 湯前町 15 円, 水上町 15 円, 産山村 21 円, 南阿蘇村 21 円, 西原村 15 円, 相良村 16 円, 五木村 20 円, 山江村 21 円, 球磨村 20 円

大分県	日出町 20 円，九重町 36 円，玖珠町 36 円
宮崎県	高鍋町 30 円，新富町 40 円，木城町 30 円，川南町 30 円，都農町 20 円，高千穂町 70 円，日之影町 70 円，五ヶ瀬町 70 円，西米良村 33 円
鹿児島県	屋久島町 35 円，喜界町 40 円，徳之島町 40 円，天城町 40 円，伊仙町 40 円，和泊町 46.7 円，知名町 46.7 円
沖縄県	嘉手納町 30 円，北谷町 30 円，西原町 20 円，与那原町 20 円，南風原町 20 円，久米島町 30 円，八重瀬町 20 円，与那国町 20 円，竹富町 60 円，南大東村 40 円，北大東村 42 円，恩納村 30 円，伊江村 40 円，読谷村 30 円，北中城村 20 円，中城村 20 円，渡嘉敷村 50 円，座間味村 40 円，伊是名村 40 円

(注) 1．可燃ごみ大袋（30〜50 L 程度）1 枚の価格で表記。
　　 2．都道府県からの提供資料を参考にして，一部町村に個別に確認して作成。
　　 3．ここでの「有料化」は，家庭系可燃ごみの定日収集・処理について，市町村に収入をもたらす従量制手数料を徴収すること，と定義した。

本書のベースとなった発表論文

「ポスト有料化のごみ政策　第1回　家庭ごみ有料化の現状分析」『月刊廃棄物』第38巻9号（2012年9月）

「ポスト有料化のごみ政策　第2回　2000年度以降に有料化を導入した市のごみ減量効果」『月刊廃棄物』第38巻10号（2012年10月）

「ポスト有料化のごみ政策　第3回　有料化でごみ処理経費を減らせるか（その1）―市民1人当たりごみ処理経費・収集運搬費―」『月刊廃棄物』第38巻11号（2012年11月）

「ポスト有料化のごみ政策　第4回　有料化でごみ処理経費を減らせるか（その2）―再資源化費・中間処理費・最終処分費―」『月刊廃棄物』第38巻12号（2012年12月）

「ポスト有料化のごみ政策　第5回　有料化でごみ処理経費を減らせるか（その3）―総合収支と経費節減の工夫、収集運営形態の選択―」『月刊廃棄物』第39巻1号（2013年1月）

「ポスト有料化のごみ政策　第6回　収集効率化に先鞭を付けた仙台市の取り組み」『月刊廃棄物』第39巻2号（2013年2月）

「ポスト有料化のごみ政策　第7回　市民目線で収集業務の改善に取り組む京都市」『月刊廃棄物』第39巻3号（2013年3月）

「ポスト有料化のごみ政策　第8回　収集委託競争入札の光と影－足利市の経験から」『月刊廃棄物』第39巻4号（2013年4月）

「ポスト有料化のごみ政策　第9回　変革期を迎えた東京23区収集業務（その1）」『月刊廃棄物』第39巻5号（2013年5月）

「ポスト有料化のごみ政策　第10回　変革期を迎えた東京23区収集業務（その2）」『月刊廃棄物』第39巻6号（2013年6月）

「ポスト有料化のごみ政策　第11回　変革期を迎えた東京23区収集業務（その3）」『月刊廃棄物』第39巻7号（2013年7月）

「ポスト有料化のごみ政策　第12回　変革期を迎えた東京23区収集業務（その4）」『月刊廃棄物』第39巻8号（2013年8月）

「ポスト有料化のごみ政策　第13回　変革期を迎えた東京23区収集業務（その5）」『月刊廃棄物』第39巻9号（2013年9月）

「ポスト有料化のごみ政策　第14回　収集業務の改善に向けて」『月刊廃棄物』第39巻10号（2013年10月）

「ポスト有料化のごみ政策　第15回　ごみ減量による中間処理費削減　その1　施設規模の縮小と効率的な事業方式の採用」『月刊廃棄物』第39巻11号（2013年11月）

「ポスト有料化のごみ政策　第16回　ごみ減量による中間処理費削減　その2　札幌市の清掃工場建替え不要化」『月刊廃棄物』第39巻12号（2013年12月）

「ポスト有料化のごみ政策　第17回　ごみ減量による中間処理費削減　その3　八王子市の清掃工場集約化」『月刊廃棄物』第40巻1号（2014年1月）

「ポスト有料化のごみ政策　第18回　ごみ処理の効率化をめざして」『月刊廃棄物』第40巻2号（2014年2月）

「多摩市における有料化とインセンティブプログラムを併用したごみ減量の取り組み」『東洋大学経済論集』第 37 巻 1 号（2011 年 12 月）

「家庭ごみ有料化の取組とその成果」『アカデミア』第 107 号（2013 年 10 月）

索　引

〔アルファベット〕
ＢＯＯ（Build-Own-Operate）
　　　　　　　　　　……………122, 123, 125
ＢＯＴ（Build-Operate-Transfer）
　　　　　　　　　　……………122, 123, 126
ＢＴＯ（Build-Transfer-Operate）
　　　　　　　　　　………122, 123, 126, 127
ＤＢＯ（Design-Build-Operate）
　　　　　　　　……… 121〜123, 125〜127
ＰＤＣＡサイクルの構築 ……………… 77
ＰＦＩ（Private Finance Initiative）
　　　　　　　………121〜123, 125, 126, 128
ＶＦＭ（Value for Money）
　　　　　　　　　　………………125〜127

〔あ行〕
足利市の収集委託競争入札 ………… 59
荒川区の全資源集団回収一元化 ……… 92
安否確認 ……………………………… 90, 91

委託比率の拡大 …………… 31, 46, 48, 50
一般競争入札 ……………… 45, 55, 56, 69
一般廃棄物会計基準 ………… 33, 166, 167
一般廃棄物処理基本計画 ……… 57, 167
インセンティブプログラム
　　　　　　　………… v, 145, 148, 149, 159

エコショップ認定制度 ……… 152, 159, 160

応益負担 ……………………………… 6
覚書 ……………………………… 114〜116
お店に返そうキャンペーン ……… 149, 150

〔か行〕
各区比較指標の「見える化」……… 109
家庭系資源回収率 ………………… 19, 20
家庭ごみ処理手数料の使途 ‥ 135, 142, 158
家庭ごみ排出量の減量効果 ……… 18, 19
可燃ごみ収集運搬事業の運営形態 …… 49

制限付き一般競争入札 ……………… 54
北区の訪問収集 ……………………… 89
義務的経費 ………………… 46, 87, 164
逆有償物 ………………………… 93〜96
競争入札 ………… 31, 32, 45, 48, 53, 55,
　　　　　　　　　59, 62, 64〜66, 69〜
　　　　　　　　　71, 76, 78〜80, 162
京都市の収集業務改善の取り組み …… 76
業務委託仕様書 ……………………… 78

車付収集 ……………………………… 89
車付雇上 ………………………… 88, 108

経済的手法 …………………………… 6

更新焼却施設の規模縮小
　　　　　　　……… v, 42, 43, 121, 123
合特法 ……………………………… 77

公法上の契約 ……………………… 69
効率性の原則 ……………………… 46
戸別収集導入の経費と選好度 ……… 105
戸別収集への切り替え …………… 30～32
ごみ収集業務評価委員会 ………… 77, 82

〔さ行〕

再資源化費 ……iv, 33, 34, 37, 132, 133, 162
最終処分場の埋立容量の逼迫 …………5
最終処分費 ……………v, 33, 37, 39, 40,
　　　　　　　　　　　　42, 133, 141, 163
最低価格同調方式 ………………… 117
最低制限価格 ……………………… 63, 79
札幌市の清掃工場建替え不要化 ……128

資源化経費 ………………………140, 141
資源交換モデル事業 ……………… 154
指定袋種の簡素化 ………………… 45
品川区の戸別収集実施 …………… 106
市民1人当たりごみ処理経費 …………
　　　　　　　　　　…… 23, 24, 28, 29
指名競争入札 ……………………… 55
車両1台の年間委託単価の積算費目モデル
　　　　　　　　　　……………………71
集合住宅フック出し部屋別収集 ……73
収集運搬費 …… iv, 23, 26, 29～31, 33,
　　　　　　　　37, 48, 53, 54, 72, 73, 79
　　　　　　　　～81, 132, 140, 161, 162
収集業務改善計画 …………………76, 77
収集業務改善実施計画 ……………78, 82
収集業務改善への取り組み ……… 69
収集事業運営形態の評価 ………… 51
収集頻度の見直し ………………… 45
収集量に応じた契約への見直し ……46
従来型公共事業 …………………123, 125

循環型社会形成推進基本法 …………7
循環都市八王子プラン ………… 136, 141
条件付き一般競争入札 …………… 62
職員退職不補充 ……………………72, 74
処分ごみの減量効果 ……………… 18
シングル作業 ………………………86, 87

随意契約 ……31, 48 54～56, 62, 64, 66, 69,
　　　　　　　　71, 78, 115, 117, 118, 123, 161
スーパーエコショップ …………… 152
3R（リデュース, リユース, リサイクル）
　　　　　　　　………… 7, 21, 167, 168
スリムシティさっぽろ計画
　　　　　　　　……………… 129, 132～134

制限付き一般競争入札 ………55, 56, 78
清掃協議会 ………………… 89, 115, 117
政令指定市のt当たり収集単価 …… 55
全国都市家庭ごみ有料化アンケート調査
　　（第2回）………………………… iii
全国都市家庭ごみ有料化アンケート調査
　　（第3回）………………………… iii
全国都市家庭ごみ有料化アンケート調査
　　（第4回）……………………… iii, 23, 74
全国都市の有料化実施率 ………… 5, 6
全資源集団回収 …………………… 93
仙台市の取り組み ………………… 53
仙台マジック ……………………… 55

総合評価一般競争入札 …………… 127
総合評価方式 ………………………69, 70

〔た行〕

ダイオキシン対策 ………………… 39

退職者不補充 ……………………59, 66
退職職員不補充 …………………… 32
退職不補充 ………………………87, 108
台東区の戸別収集全域拡大 ………107
ダブル作業 ………………………86, 87
多摩市におけるインセンティブプログラム
　　　活用 ………………………145
単純従量制 ………………………7, 10, 11
地方自治法234条 ……………………56
中間処理施設の更新不要化 …………21
中間処理費 ………………iv, 33, 35, 36,
　　　　　　　　　　39, 133, 141, 162
超過従量制 ………………………7, 11, 16
調査基準価格 ……………………57, 66
直営収集の強みと弱み ………………75
直営力活用・強化 ……………………74
適正利益 …………………………71, 72

東京二十三区清掃協議会 ………88, 113
特別目的会社（ＳＰＣ）……………128
都道府県別の有料化実施状況 ……2, 3
都道府県別の有料化人口比率 ……4, 5

〔な行〕
中野区の古紙集団回収一元化 ………98
生ごみ入れません！袋 ……………154, 158
生ごみリサイクルサポーター
　　　……………………154, 158, 159

西東京市にみる直営力の活用 ………72
入札参加資格要件 ……………………56

練馬区の施設整備による資源化推進 ‥101
年代別の有料化都市数推移 ……………6

〔は行〕
廃棄物処理法施行令４条
　　　……………… 56, 57, 62, 69, 70
八王子市家庭ごみ処理手数料の使途 ‥142
八王子市の清掃工場集約化 ………136

必要車両台数 ………………70, 71, 161

福岡都市圏南部環境事業組合の新南部工場
　　　（仮称）の建設・運営事業 ……123
福岡都市圏南部環境事業組合
　　　………………………v, 123, 143
ふれあい訪問収集 ……………………90

平成の大合併 …………………………7

包括外部監査報告書 ………vi, 46, 51
訪問収集 ……………………89, 90, 91
ホーソン効果 ……………………109, 119

〔ま行〕
民間委託の拡大
　　　……… 32, 69, 72, 74, 132, 133, 162
民間委託への切り替え ……31, 32, 46, 48, 50

〔や行〕
ヤードスティック競争 …………109, 110

有料化実施の総合収支 ……………43, 44
有料化導入時の経費削減の工夫 ………45
有料化によるごみ減量効果 ……………8
有料化によるごみ減量の２つのルート ‥9

容器包装リサイクル法 …………………5
雇上会社 ……… 86〜89, 114〜117, 119

雇上契約 ･････････････････････112〜118
雇上車･･････････86〜88, 102, 106, 108, 113
予定価格 ･･････････63, 64, 71, 75, 79, 117
予備力共有 ･･････････････････････････89

〔ら行〕
落札価格 ･･････････････････････････････64

リバウンド ･････････････････････････20, 23
リユース食器の無料貸し出し ･･･････････152
老朽施設更新経費の節減 ･････････････42, 43
老朽施設の更新不要化
　　　　　　････････････v, 42, 43, 121, 128

ごみ効率化
有料化とごみ処理経費削減

平成 26 年 9 月 30 日　発　行

著作者　山　谷　修　作

発行者　池　田　和　博

発行所　丸善出版株式会社

〒101-0051 東京都千代田区神田神保町二丁目17番
編集：電話 (03) 3512-3264／FAX (03) 3512-3272
営業：電話 (03) 3512-3256／FAX (03) 3512-3270
http://pub.maruzen.co.jp/

© Shusaku Yamaya, 2014

組版印刷・製本／壮光舎印刷株式会社

ISBN 978-4-621-08856-2 C3036　　　　Printed in Japan

JCOPY 〈(社)出版者著作権管理機構 委託出版物〉

本書の無断複写は著作権法上での例外を除き禁じられています。複写
される場合は、そのつど事前に、(社)出版者著作権管理機構（電話
03-3513-6969、FAX 03-3513-6979、e-mail：info@jcopy.or.jp）の許
諾を得てください。

■**好評既刊**■

『ごみ有料化』

定価：本体 2,200 円＋税／ISBN：978-4-621-07854-9

「有料化」と併用施策を用いて，ごみ処理費負担の公平性確保や，意識改革を通じたごみ減量化に取り組んだ自治体の実践事例を分析し，これからの「ごみ行政のあり方」を提示する．

【目次】第 1 章 家庭ごみ有料化施策の展開／第 2 章 家庭ごみ有料化の実施状況／第 3 章 有料化の目的と制度運用—第 2 回全国都市家庭ごみ有料化アンケート調査から (1)／第 4 章 有料化の効果と制度運用上の工夫—第 2 回全国都市家庭ごみ有料化アンケート調査から (2)／第 5 章 韓国ソウル市の家庭ごみ有料化／第 6 章 高い手数料水準での有料化—北海道十勝地域での有料化の実践／第 7 章 超過量方式の有料化—高山市と佐世保市の取り組み／第 8 章 多摩地域における有料化の伝播／第 9 章 八王子市の有料化への取り組み／第 10 章 有料化の制度設計に取り組んだ町田市審議会／第 11 章 ごみ減量化とヤードスティック競争—多摩地域でのごみ減量の推進力／第 12 章 戸別収集の効果とコスト／第 13 章 不法投棄・不適正排出対策／第 14 章 事業系ごみ対策と公企業の役割

『ごみ見える化──有料化で推進するごみ減量』

定価：本体 2,600 円＋税／ISBN：978-4-621-08251-5

ごみ有料化において「見える化」の果たしている役割や，合意形成，導入後のリバウンド対策など今後の課題について，最新の事例を多く盛り込みながら解説する．

【目次】第 1 章「見える化」としてのごみ有料化／第 2 章 ごみ有料化の実施状況／第 3 章 有料化時の制度変更と併用施策／第 4 章 有料化導入後のごみ減量効果／第 5 章 不法投棄・不適正排出対策の取り組み／第 6 章 不適正排出対策としての「見える化」／第 7 章 ごみ有料化と合意形成のプロセス／第 8 章 減量効果が最も大きく出た北海道都市の取り組み／第 9 章 低い手数料で減量効果を維持している都市の取り組み／第 10 章 超過量方式で大きな減量効果が出た都市の取り組み／第 11 章 減量手段として新潟県に根付いた有料化／第 12 章「見える化」に取り組んだ京都市の有料化／第 13 章 有料化の成果の評価と制度見直しに着手した西東京市／第 14 章「見える化」で先行する米国の有料化／第 15 章 有料化導入の合意形成に向けて